零思考上菜！

nozomi

瑞昇文化

前言

非常感謝您購買這本書!
這是我的第六本食譜書籍。

這次的主題是
『馬上可以開飯的套餐』,簡稱為『馬上開飯套餐』。

用現實生活中,覺得「這個可以用」的食材,
將簡單且快速製作出主菜和配菜的食譜,全都收錄在本書裡
面。

甚至,本書還有介紹1道主菜和2道配菜搭配而成的簡單套
餐。因為每1道都可以輕鬆製作,所以只需要10～20分鐘
就可以完成裝盤,馬上開飯。這便是本書的特色之一。每道
套餐都有加註快速烹調的重點,所以希望更換菜色時,也可
以作為參考去加以應用。

可以馬上開飯的菜色一旦增加得更多,每天的三餐準備也
會變得更加輕鬆,即便是慌亂、匆忙的平日晚餐,也能悠
閒、從容地準備。

如果這本書可以讓大家的餐桌變得更加豐盛,那就太令人開
心了。

nozomi

零思考上菜！ contents

3 PART 馬上開飯的配菜 ······ 102

4 PART 馬上開飯的單盤料理 ······ 128

本書的使用方法

- 材料或製作方法中的「1小匙」為5mL、「1大匙」為15mL、「1杯」為200mL。1mL等於1cc。
- 沒有特別標記的蔬菜類，從清洗、去皮等作業完成之後，開始說明步驟。肉類也是，從預先去除多餘油脂或烹調前恢復至室溫之後，再開始進行說明。
- 本書使用的微波爐為500W。若是600W的火力，請將時間設定為0.8倍。
- 使用微波爐或烤箱等烹調器具時，請依照使用機種的使用說明書進行操作。加熱時間的標準、保鮮膜或塑膠袋的使用方法，請依使用說明書所標示的使用方法為優先。
- 標記的金額為編輯部調查（2020年3月當時）的金額。

關於本書

立刻可以上桌開動的
「馬上開飯套餐」?

每1道料理都十分簡單。沒有絲毫多餘的製作步驟。
20分鐘完成3道料理,便是「馬上開飯套餐」的特色。
一起來看看,輕鬆製作美味餐點的技巧吧!

1. 有效運用烹調器具

例如,使用鍋具的料理、使用微波爐的料理、不使用火的料理,只要相互搭配組合,就能同時製作出3道料理。
基本上,如果沒有特別留意這個部份的話,往往事後才會意外發現,「原來打算製作的料理,全都要用平底鍋烹調!」
需要用平底鍋烹調的料理,盡可能只設定為1道,其他料理就用其他的烹調器具製作,如此就不需要勿忙製作,也能減輕烹調的負擔。

2. 構思『免動手』的料理

製作用微波爐或烤箱加熱的料理、用鍋具燉煮的料理等,這些交由烹調器具處理的料理時,可以構思一下烹調期間可以處理的其他作業。即便是需要花上15分鐘的料理,如果事前備料只需要5分鐘,剩下的10分鐘全部交由烤箱負責的話,那麼實際的動手時間頂多只需要5分鐘而已。
這個時候,烹煮的10分鐘期間,就可以做其他的事情。
不要用烹調時間的長度去安排食譜,而是要以實際動手的時間長度去規劃食譜。

3. 選擇隨時隨地都買得到的食材

這本書的料理大多都是，隨時可以在超商或便利商店的生鮮食材區買到的食材、一整年都可以隨時買得到的食材。因為也有很多容易常備的食材，所以就算沒辦法去買菜的日子，應該也能輕鬆製作。當然，調味料也不會出現太特別的種類。

如果想吃什麼的時候，就算沒有專程出門採買，仍然可以『馬上』製作，這也是「馬上開飯套餐」的特色。

4. 不要因為做不出來而沮喪

本書介紹了10種3菜套餐，但是，未必非製作3道料理不可。就算只製作1道料理也沒關係，甚至，也不需要過份勉強，非得天天洗手作羹湯不可。確實地規劃套餐，每天製作，是非常辛苦的一件事。我自己家裡也是，沒辦法煮飯的日子，就索性不煮了。希望大家不要太過拘泥、執著，可以隨心、愉快地烹煮料理。

⏱ 15～20分鐘完成3道！

美味且營養均衡的餐點，『馬上』可以開動！

1

PART

🕐 15分、20分搞定！

馬上開飯套餐

這是作法簡單，

色香味俱全的套餐食譜。

不光只是縮短烹調時間而已，

還可以把能夠丟在一旁不理的料理，

或是使用的烹調器具較少的料理，

加以搭配組合。

可以直接採用套餐菜單，

也可以製作單品。

🕐 15分鐘！
蒜香醬油雞排套餐

以非常受歡迎的雞排作為主角的西式套餐。
晚餐當然不用說，午餐也會令人食指大動，家中經常上桌的3道。

MENU

| 蒜香醬油雞排
| 非油炸薯條
| 簡易凱撒沙拉

3菜2人份共計

¥ **456** 日圓

3菜2人份的主材料

- ● 雞腿肉…1片（約250g）
- ● 蒜頭…1瓣
- ● 馬鈴薯…小顆2～3個
- ● 萵苣…5片
- ● 小番茄…3～4個
- ● 雞蛋…1個

步驟

START	**1**	用預熱的烤箱烤馬鈴薯（薯條）— 放著烘烤，無須理會！
	2	洗蔬菜，雞蛋用微波爐加熱（凱撒沙拉）
🕐 **5**分	**3**	切蒜頭（雞排）
	4	煎雞肉（雞排）
🕐 **10**分	**5**	製作沙拉醬（凱撒沙拉）— 趁煎肉的空檔！
	6	用預熱的平底鍋製作醬料（雞排）
🕐 **15**分	●	各別裝盤，完成！

重　點

- ● 馬鈴薯只要從一開始就放進烤箱，之後就是等待出爐而已。
- ● 只要依照蔬菜、肉類的順序進行處理，就可省下清洗砧板的時間。
- ● 我家裡有微波爐和烤箱，所以可以同步處理，如果只有1台烤箱或微波爐的時候，可以在一開始先製作溫泉蛋，或是使用市售的溫泉蛋。
- ● 利用煎雞排的同一時間，製作沙拉的沙拉醬和雞排的醬料。
- ● 預先決定好使用的盤子，可以讓裝盤的作業更順暢。
- ● 雞排可以整塊煎，也可以切成對半後再煎。

蒜香醬油雞排

烹調 **15分**　費用 **280日圓**　便當菜OK　兒童OK

刺激味蕾的醬料，肯定非常下飯。
只要掌握到重點，就能簡單製作出外脆內多汁的雞排。

※標示的烹調時間不含雞肉退冰至室溫的時間。

雞腿肉…1片（約250g）
蒜頭…1瓣
🅐 鹽巴…少許
│ 粗粒黑胡椒…少許
🅑 醬油…1大匙
│ 味醂…1大匙
│ 砂糖…1小匙
水煮青花菜、幼嫩葉蔬菜、迷你小番茄等…依喜好調整
沙拉油…適量

1 雞肉退冰至室溫。去除多餘的油脂，使厚度均勻，用叉子等道具在各處刺穿幾個洞，抹上🅐材料。

2 蒜頭剝皮，切成蒜末。

3 把少量的油倒進平底鍋，用中火加熱。雞皮朝下，把雞肉放進平底鍋，煎3～4分鐘，直到表面呈現酥脆的焦黃色。

4 雞排翻面，蓋上鍋蓋，用小火燜煎4分鐘左右，裝盤。

5 用廚房紙巾擦掉平底鍋裡多餘的油，放進蒜末、🅑材料，用中火熬煮。適度熬煮後，淋在雞排上面，再依個人喜好，附上幼嫩葉等蔬菜。

非油炸薯條

交給烤箱處理的簡單料理。使用的油量比油炸更少，內部鬆軟，外表香脆，十分美味。也可以當成小朋友的輕食點心。

⏱ 烹調 **15分**　¥ 費用 **37日圓**　😊😊 兒童OK

材料（3～4人份）

馬鈴薯⋯小2～3個
🅐 沙拉油⋯1大匙
　│ 鹽巴⋯少許
　│ 迷迭香⋯依喜好調整

📝備忘錄

使用新馬鈴薯時，也可以直接帶皮烹調。

製作方法

1　烤箱預熱至240度。

2　馬鈴薯去皮，剔除芽眼，切成梳形切，泡水2～3分鐘。

3　烤盤鋪上料理紙。放上瀝乾水份的馬鈴薯，把🅐材料裹在表面，排放在烤盤上面，避免重疊。

4　用240度的烤箱烤10～15分鐘。

簡易凱撒沙拉

只要把家中現有的調味料混合拌勻，就可以簡單製作出凱薩沙拉醬。也可以依個人喜好，加上培根或麵包丁，製成正統的凱薩沙拉。

烹調 5分　費用 139日圓　兒童OK

材料（2人份）

個人喜歡的萵苣…5片
小番茄…3～4個
溫泉蛋…1個
Ⓐ 美乃滋…2.5大匙
　 起司粉…2大匙
　 穀物醋…1大匙
　 檸檬汁…少許
　 粗粒黑胡椒…少許
　 蒜泥醬…少許
麵包丁…依喜好調整

製作方法

1　萵苣清洗乾淨後，確實甩掉水份，用手撕成容易食用的大小。小番茄去除蒂頭，清洗乾淨，依個人喜好，縱切成對半。

2　用調理碗充份混合Ⓐ材料。

3　萵苣、小番茄、溫泉蛋裝盤，淋上步驟2的沙拉醬。依個人喜好，撒上麵包丁。

📝備忘錄

用微波爐製作溫泉蛋

1　把雞蛋打進較小的耐熱容器，加入少許的水。

2　用竹籤等道具，在蛋黃上面刺出1個小孔，輕輕覆蓋上保鮮膜，用150W或200W的低輸出功率，加熱2分鐘左右。若加熱不足，就再增加一些加熱時間。

🕐 15分鐘！
冷盤沙拉拌飯套餐

各種烹調方法分別利用鍋子、平底鍋、微波爐，製作簡單的組合。
爽口的冷盤沙拉和辛辣的拌飯十分對味，令人食指大動。

MENU

冷盤沙拉

豆芽炒蛋

小魚香蔥拌飯

3菜2人份共計

¥ **732**日圓

3菜2人份的主材料

- 里肌豬肉片…約200g
- 萵苣…2〜3片
- 蘿蔔嬰…1包
- 番茄…1個
- 豆芽…½包
- 雞蛋…2個
- 白飯…2碗份（冷凍亦可）
- 小魚乾…約40g
- 小蔥…½把

步驟

START
1. 把冷盤沙拉的熱水煮沸（冷盤沙拉）
2. 溫熱白飯（拌飯）
3. 洗蔬菜、撕萵苣、切蘿蔔嬰、切番茄（冷盤沙拉）

🕐 **5分**
4. 把小蔥和調味料拌勻，用微波爐加熱（拌飯）
5. 煮豬肉，瀝乾（冷盤沙拉）

🕐 **10分**
6. 炒豆芽（豆芽炒蛋）　　關火！
7. 淋入蛋液（豆芽炒蛋）
8. 白飯拌勻（拌飯）　　一氣呵成！

🕐 **15分**
各別裝盤，完成！

重　點

- 先煮沸涮肉片的熱水、用微波爐加熱冷凍白飯。趁等待的期間，進行冷盤沙拉和拌飯的預先處理。
- 豆芽炒蛋很快就能完成，所以就留到後半段再一氣呵成。
- 如果用沸騰的熱水烹煮肉片，肉質會變得又老又硬，所以要先關火再烹煮。煮好之後，充分瀝乾水份。

冷盤沙拉

非常適合夏天，清爽、美味的沙拉。調味的部分就交給沙拉醬。
食慾不佳時，也十分推薦。

※標示的烹調時間不含豬肉退冰至室溫的時間。

里肌豬肉片⋯約200g
萵苣⋯2〜3片
蘿蔔嬰⋯1包
番茄⋯1個
小番茄（黃色）⋯4個
個人喜歡的沙拉醬（市售品）⋯適量

製作方法

1 豬肉退冰至室溫。

2 萵苣用手撕成容易食用的大小。蘿蔔嬰切成容易
食用的長度。番茄切成對半，去除蒂頭，切成梳形
切。小番茄切成對半。分別確實瀝乾水份。

3 把大量的水倒入較大的鍋子裡加熱，在即將煮沸時
關火。

4 豬肉一片片攤開，放進鍋裡煮。一次烹煮的片數大
約是6片，熟透之後，依序用濾網撈起。

5 把蔬菜、豬肉裝盤，淋上沙拉醬。

豆芽炒蛋

豆芽的清脆口感和雞蛋的鬆軟口感，撞擊出獨特魅力。用日式醬油進行簡單調味，完全不傷荷包的一盤。

🕐 烹調 **5分**　¥ 費用 **51日圓**　😊😊 兒童OK

材料（2人份）

豆芽…½包
雞蛋…2個
Ⓐ 白醬油…½大匙
｜ 醬油…1小匙
沙拉油…適量

製作方法

1 豆芽快速清洗後，用濾網撈起，瀝乾水份。把雞蛋打進調理碗，加入Ⓐ材料，攪拌成蛋液。

2 把油倒進平底鍋加熱，放入豆芽，用中火快速拌炒。

3 把蛋液倒進步驟 2 的平底鍋，用菜筷輕輕攪拌。直到雞蛋呈現個人喜歡的硬度即可。

小魚香蔥拌飯

用微波爐加熱食材，再和溫熱的白飯拌勻便大功告成。5分鐘就能完成口味豐富的拌飯。清除剩餘的小魚乾和小蔥時，也能加以運用。

🕐 烹調 5分　　¥ 費用 140日圓　　▣ 便當OK　　👧👧 兒童OK

材料（2人份）

白飯…2碗
小魚乾…約40g
小蔥…½把
Ⓐ 醬油…1.5大匙
　 味醂…1大匙
　 砂糖…1大匙

製作方法

1 小蔥切除根部，切成蔥花狀。

2 把小蔥、小魚乾、Ⓐ材料，放進較大的耐熱調理碗，攪拌均勻。輕蓋上保鮮膜，用500W的微波爐加熱1分鐘30秒。

3 把溫熱的白飯倒進步驟2的調理碗，輕柔地攪拌，避免壓扁米粒。

🕐 15分鐘！
醋溜茄子雞柳套餐

利用非常適合炎熱季節的食材製作，色彩鮮豔且清爽美味的菜單。
不管是配菜或湯，全都是可以在5分鐘內快速完成的料理。

MENU

醋溜茄子雞柳
鹽蔥番茄
中式玉米濃湯

3菜2人份共計

¥ **532** 日圓

3菜2人份的主材料

- 雞柳…3條（約200g）
- 茄子…2條
- 番茄…1個
- 小蔥…⅕把
- 玉米湯的高湯粉…1包
- 玉米…約20g
- 雞蛋…1個

步驟

START	①	製作鹽蔥醬（鹽蔥番茄）
	②	切番茄、茄子、雞柳（鹽蔥番茄、醋溜茄子雞柳）
⏱5分	③	把水和高湯粉倒進鍋裡，加熱（玉米濃湯）　一次全部切好
	④	炒茄子、雞柳（醋溜茄子雞柳）
	⑤	倒入調味料，燒煮（醋溜茄子雞柳）
⏱10分	⑥	倒入蛋液，燜透（玉米濃湯）　同時幫醋溜茄子雞柳調味
	⑦	裝盤，淋上鹽蔥（鹽蔥番茄）
	⑧	撒上小蔥和芝麻（醋溜茄子雞柳）
⏱15分	🍚	各別裝盤，完成！

重　點

- 鹽蔥醬用微波爐加熱後，直接放置冷卻。鹽蔥番茄和醋溜茄子雞柳都要使用小蔥，所以一開始就要多切一點，預留醋溜茄子雞柳需使用到的份量。
- 一次全部切好，會更有效率，所以番茄、茄子、雞柳要連續切好。
- 用平底鍋烹調醋溜茄子雞柳的同時，可以用另一口爐製作玉米濃湯。
- 醋溜茄子雞柳建議趁熱品嚐，所以要留到最後再裝盤。
- 如果不習慣雞柳去筋，可能需要花費較長時間，所以不習慣去筋的人，或許可以優先進行去筋的作業。

醋溜茄子雞柳

烹調 10分　費用 291日圓　便當OK　兒童OK

有著滑溜口感的醋溜茄子雞柳。
黑醋的溫潤酸味讓人一口接一口，口味濃郁的熱炒。

雞柳…3條（約200g）　　金芝麻…適量
茄子…2條　　　　　　　小蔥蔥花…適量
太白粉…適量　　　　　　沙拉油…適量
Ⓐ　黑醋…2.5大匙
　　醬油…1.5大匙
　　味醂…1大匙
　　砂糖…1大匙

製作方法

1　雞柳去筋後，削片。

2　把油倒進平底鍋。Ⓐ材料放進調理碗混合攪拌。

3　茄子切除蒂頭，橫切成對半，再進一步縱切成對半，在外皮劃出傾斜的刀痕。切好之後，馬上放進平底鍋，讓茄子裹滿油。

4　雞柳抹上太白粉。

5　平底鍋用中火加熱，把茄子挪到一邊，放進雞柳，持續拌炒，直到表面的顏色改變。

6　把Ⓐ材料倒進步驟5的平底鍋裡面，燒煮3～4分鐘。裝盤，依個人喜好，撒上芝麻、小蔥。

鹽蔥番茄

只要在番茄上面，淋上自製鹽蔥醬就完成了。鹽蔥醬的做法簡單，同時也和酸甜的番茄特別對味。

烹調 5分 ｜ 費用 148日圓 ｜ 兒童OK

材料（2人份）

番茄…1個
小蔥…⅕ 把
Ⓐ　中式高湯粉…½ 小匙
　│　水…½ 大匙
芝麻油…1小匙

製作方法

1　番茄清洗乾淨後，瀝乾。切成對半，去除蒂頭，切成梳形切。小蔥清洗乾淨後，瀝乾，切除根部，切成蔥花狀。

2　把Ⓐ材料倒進耐熱調理碗，用500Ｗ的微波爐加熱20秒左右。加入小蔥、芝麻油，充分攪拌均勻。

3　番茄裝盤，淋上步驟2的鹽蔥醬。

中式玉米濃湯

轉眼間就能完成，不需要動刀的中式湯品。溫和的味道讓心靈和身體變得暖和。

烹調 5分　費用 93日圓　 兒童OK

材料（2人份）

Ⓐ 玉米濃湯的高湯粉…1包
　玉米…約20g
　中式高湯粉…1小匙
　水…300mL
雞蛋…1個
Ⓑ 太白粉…½小匙
　水…1小匙

製作方法

1　把Ⓐ材料放進鍋裡，開中火加熱。

2　雞蛋打進調理碗，打散成蛋液。Ⓑ材料混合攪拌，製作成太白粉水。

3　鍋裡的湯煮沸後，改用小火，倒進太白粉水，進行勾芡。

4　改用大火煮沸後，淋入蛋液。雞蛋差不多凝固後，關火。

🕐 15分鐘！
霙煮雞腿套餐

以飄散著淡淡薑香的霙煮為主角，讓身體溫熱的菜單。
配菜和湯用微波爐就能製作，十分簡單。泡菜也能增豔許多。

MENU

| 霙煮雞腿
| 芝麻醋拌豆苗竹輪
| 豆腐泡菜豆奶湯

3菜2人份共計

¥ **426** 日圓

3菜2人份的主材料

- 雞腿肉…約200g
- 蘿蔔…⅕條
- 生薑…1塊
- 青紫蘇…適量
- 豆苗…1包
- 竹輪…1條
- 嫩豆腐…1小塊（150g）
- 豆漿…50～80mL
- 白菜泡菜…適量
- 小蔥蔥花…適量

步驟

START
① 切豆苗，用微波爐加熱（芝麻醋拌）

② 切竹輪、切紫蘇和雞肉（芝麻醋拌、霙煮）

🕐 5分
③ 煎雞肉（霙煮）

④ 把蘿蔔和生薑磨成泥（霙煮）————一邊觀察火侯

🕐 10分
⑤ 加入蘿蔔和生薑烹煮（霙煮）

⑥ 泡菜以外的食材用微波爐加熱（豆奶湯）

⑦ 拌芝麻醋（芝麻醋拌）————一口氣完成配菜

⑧ 放上泡菜（豆奶湯）

🕐 15分
各別裝盤，完成！

重　點
- 加熱豆奶湯的同時，一直到烹煮霙煮之前，趁烹煮的空檔，完成豆苗竹輪拌芝麻醋。
- 霙煮要趁熱吃，才是最美味的時刻，所以要留到最後再關火，裝盤。
- 豆苗用微波爐加熱後，用手確實擠掉水份。口感也會變得清脆。

霙煮雞腿

烹調 **15**分 ⁝ 費用 **251**日圓 ⁝ 兒童OK

使用大量蘿蔔泥的霙煮，用溫潤的美味暖和身體。
只要一個平底鍋就可以簡單製作。薑的香味是重點。

※ 標示的烹調時間不含雞肉退冰至室溫的時間。

材料（2人份）

雞腿肉⋯約200g
蘿蔔⋯⅕條
生薑⋯1塊
鹽巴⋯少許
🅐　味醂⋯1大匙
　│　醬油⋯2小匙
　│　白醬油⋯2小匙
青紫蘇絲⋯適量
沙拉油⋯適量

製作方法

1　雞肉退冰至室溫。去除多餘的脂肪，用叉子等道具在各處刺穿幾個洞，切成容易食用的大小，撒上鹽巴。

2　用平底鍋把油加熱，雞皮朝下，把雞肉放進鍋裡，用中火把兩面煎成金黃色。蘿蔔、生薑削皮，磨成泥。

3　用廚房紙巾擦掉平底鍋裡多餘的油脂，倒入蘿蔔泥和生薑泥（連同湯汁）、🅐材料，蓋上鍋蓋，用小火～中火烹煮5分鐘左右。裝盤，依個人喜好，放上青紫蘇。

芝麻醋拌豆苗竹輪

清脆口感搭配美味的芝麻醋，光是不分季節都能輕鬆製作的這一點，就十分吸引人。可以用微波爐簡單製作的快速配菜。

烹調 ⏱ 5分　費用 ¥ 121日圓　🍱 便當OK　👧👦 兒童OK

材料（2人份）

豆苗…1包
竹輪…1條
Ⓐ　穀物醋…2小匙
　　醬油…½小匙
　　芝麻油…½小匙
　　金芝麻…適量

製作方法

1 豆苗切掉根部，用水清洗後，把水份瀝乾，切成對半。竹輪切成7mm寬的環狀。

2 把豆苗放進耐熱調理碗，輕輕覆蓋上保鮮膜，用500W的微波爐加熱1分鐘30秒。放在濾網上散熱，放涼後，用手確實把水份擠乾。

3 把Ⓐ材料放進調理碗，混合攪拌。加入豆苗、竹輪，充分拌勻。

豆腐泡菜豆奶湯

只要用微波爐加熱就可以了。超簡單且健康的湯品。怕麻煩的時候，請務必選擇這道料理。三兩下就能美味上桌，而且又能增添飽足感。

🕐 烹調 **5分**　¥ 費用 **54日圓**

材料（2人分）

嫩豆腐…1小塊（150ɡ）
豆漿…50～80mL
白菜泡菜…適量
Ⓐ　白醬油…1小匙
　　醬油…1小匙
　　金芝麻…適量
小蔥蔥花、金芝麻…適量

製作方法

1 把豆腐、豆漿、Ⓐ材料放進較大的耐熱器皿，輕輕覆蓋上保鮮膜，用500W的微波爐加熱1～2分鐘。

2 拿掉保鮮膜，把泡菜放在最上方。依個人喜好，撒上小蔥和金芝麻。

🕐 15分鐘！
甜醬豬五花高麗菜套餐

主角是可以用微波爐製作的料理，作法十分簡單的套餐。
不論任何季節都能製作，同時也能吃到大量的蔬菜。

MENU

微波蒸煮甜醬豬五花高麗菜

芝麻拌南瓜

鰹魚鬆拌日本油菜小魚

3菜2人份共計

¥ **573** 日圓

3菜2人份的主材料

- 豬五花肉…約200g
- 高麗菜…¼顆
- 小蔥…適量
- 南瓜…⅛顆
- 日本油菜…½包（約4株）
- 小魚乾…約10g
- 柴魚片…1小包

步驟

START
① 切日本油菜，用微波爐加熱（鰹魚鬆拌）

② 切南瓜，烹煮（芝麻拌）

🕒 5分
③ 切高麗菜（豬五花高麗菜）—— 利用烹煮南瓜的空檔

④ 切豬肉，浸漬入味（豬五花高麗菜）

🕒 10分
⑤ 用微波爐加熱豬肉和高麗菜（豬五花高麗菜）

⑥ 拌南瓜（芝麻拌）—— 利用微波加熱的空檔

⑦ 拌日本油菜和小魚乾（鰹魚鬆拌）

🕒 15分
各別裝盤，完成！

重　點
- 日本油菜依照莖、葉的順序，放進耐熱盤，微波加熱（我家的微波爐是從下往上加熱，所以就把較不容易熟的莖放在下方）。
- 日本油菜微波加熱完成後，攤在濾網上面散熱。擠掉水份的時候，要小心避免燙傷。
- 南瓜要切小塊一點，混拌的時候，比較容易確實包裹上味道。
- 利用烹煮南瓜的同時，進行豬五花高麗菜的事前處理。
- 趁豬五花高麗菜微波加熱的期間，完成配菜。

微波蒸煮甜醬
豬五花高麗菜

調理 **10**分　費用 **415**日圓　兒童OK

用微波爐就可以快速、簡單製作。
用甜醬浸漬入味的豬五花肉和爽口的高麗菜十分對味，讓人一口接一口的主菜。

豬五花肉…約200g
高麗菜…¼顆
Ⓐ 檸檬汁…½大匙
　　醬油…2小匙
　　中式高湯粉…多於1小匙
小蔥蔥花…適量

製作方法

1　豬肉用叉子等道具在各處刺穿幾個洞，切成容易食用的大小，確實搓揉Ⓐ材料入味。高麗菜清洗後，把水份瀝乾，切成高麗菜絲。

2　把高麗菜放進耐熱調理碗，把豬肉排列在上方。輕輕覆蓋上保鮮膜，用500W的微波爐加熱5～6分鐘。

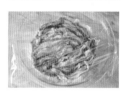

3　裝盤，依個人喜好，撒上小蔥。

芝麻拌南瓜

南瓜的甜和芝麻風味所編織而成的簡單美味。
因為不帶濕氣，所以也很適合帶便當。

調理	費用		
15分	91日圓	便當OK	兒童OK

材料（2人份）

南瓜⋯⅛ 顆
A 金芝麻⋯1大匙
砂糖⋯½大匙
醬油⋯1小匙

製作方法

1 南瓜用湯匙挖掉種籽和瓜瓢，把概略的外皮削掉，切成容易食用的大小。

2 南瓜皮朝下，把南瓜放進鍋裡，倒入概略淹過南瓜的水量，蓋上鍋蓋，用中火加熱。煮沸後，改用小火，烹煮至軟爛程度。

3 關火，用濾網把南瓜撈起，快速瀝乾水份。把鍋裡的熱水倒掉。

4 把南瓜倒回鍋裡，加入**A**材料，充分拌勻。

鰹魚鬆拌日本油菜小魚

清脆美味的日本油菜，搭配小魚乾和鰹魚鬆的鮮味，讓筷子停不下來。剛上桌的美味當然不用說，用冰箱冷藏的清爽口味，也別有一番風味。

⏱ 調理 **10分**　¥ 費用 **67日圓**　⊡ 便當OK　👫 兒童OK

材料（2人份）

日本油菜…½包（約4株）

Ⓐ　小魚乾…約10g
　　醬油…½小匙
　　柴魚片…1小包

製作方法

1 日本油菜把根部和菜葉確實洗乾淨，瀝乾水份。切掉根部，切成1cm寬。

2 把菜葉的部分放在耐熱盤下方，莖的部分朝上，輕輕覆蓋上保鮮膜，用500W的微波爐加熱2分鐘。攤放在濾網上面散熱，用手確實擠掉水份。

3 把日本油菜、Ⓐ材料放進調理碗，充分拌勻。

🕐 15分鐘！
咖哩炒豬肉茄子套餐

辛辣口感的主菜和清爽的配菜十分絕配。
主菜、沙拉、湯，絕妙搭配的套餐。味噌湯也可使用個人偏愛的食材。

MENU

咖哩炒豬肉茄子
水菜櫻花蝦柚子醋沙拉
馬鈴薯洋蔥味噌湯

3菜2人份共計

¥ **579** 日圓

3 菜 2 人份的主材料

- 豬肩胛肉…約200g
- 茄子…1條
- 水菜…½包
- 櫻花蝦乾…約5g
- 馬鈴薯…1個
- 洋蔥…¼個
- 乾燥裙帶菜…約2g

步驟

START

1 切馬鈴薯和洋蔥,加熱(味噌湯)

2 瀝乾水菜的水份,切水菜(柚子醋沙拉)

趁烹煮味噌湯食材的空檔

🕐 **5分**

3 切茄子,拌炒。切豬肉(咖哩炒豬肉茄子)

4 放入乾燥裙帶菜(味噌湯)

5 加入豬肉拌炒(咖哩炒豬肉茄子)

🕐 **10分**

6 調味(咖哩炒豬肉茄子) — 關火

7 溶解味噌(味噌湯)

8 拌沙拉(柚子醋沙拉) — 在最後快速拌勻

🕐 **15分** 各別裝盤,完成!

重 點

- 馬鈴薯、洋蔥等不容易熟透的食材,從冷水開始烹煮。因為需要一點時間,所以要優先進行烹調。
- 鍋子開始加熱後,處理水菜。水菜要確實瀝乾水份,以便能確實裹上味道。
- 在準備炒物的同時,還要一邊觀察味噌湯的狀況,一邊調整火侯,一邊加入乾燥裙帶菜。
- 茄子切好後要馬上下鍋炒,以避免茄子變色。
- 咖哩炒豬肉茄子完成後,把鍋子的火關掉,放入味噌,最後把沙拉拌勻,完成。

微波蒸煮甜醬
豬五花高麗菜

🕐 調理
10分

¥ 費用
435日圓

▣日 便當OK

辛辣風味挑逗食欲的美味料理。
食材切好後，只要混合拌炒就可完成的簡單料理。用隨手可得的調味料就可製成。

豬肩胛肉…約200ｇ
茄子…1條
Ⓐ　伍斯特醬…1.5大匙
　　番茄醬…1大匙
　　咖哩粉…1.5小匙
鹽巴…少許
沙拉油…適量

製作方法

1　茄子切除蒂頭，切成略小的滾刀塊。切好之後，馬上放進平底鍋，讓茄子裹滿油。

2　豬肉用叉子等道具在各處刺穿幾個洞，切成容易食用的大小。

3　用中火拌炒步驟1的茄子。表面熟透後，挪到一邊。把豬肉放進鍋裡的空處，持續拌炒直到表面的顏色改變。

4　把Ⓐ材料倒入步驟3的鍋裡，持續拌炒直到味道均勻遍佈。試味道，用鹽巴調味。依個人喜好，隨附上蔬菜等食材。

水菜櫻花蝦
柚子醋沙拉

櫻花蝦的鮮味和柚子醋的酸味，令人食指大動。清脆水菜和酥脆櫻花蝦的口感也十分契合。

⏰ 調理 **5分**　¥ 費用 **81日圓**　👧👧 兒童OK

材料（2人份）

水菜…½包
Ⓐ 乾櫻花蝦…約5g
　 柚子醋醬油…適量
　 金芝麻…適量

製作方法

1 水菜充分清洗乾淨，把水瀝乾，切除根部，切成2cm寬的段狀。

2 把水菜、Ⓐ材料放進調理碗，拌勻。

馬鈴薯洋蔥
味噌湯

馬鈴薯和洋蔥的天然甜味，搭配裙帶菜的口感，十分美味。
關鍵是不要煮太久，以免馬鈴薯糊爛。

🕐 調理 **10**分　¥ 費用 **63**日圓　👧👦 兒童OK

材料（2人份）

馬鈴薯…1個
洋蔥…¼個
乾燥裙帶菜…約2g
Ⓐ　水…400mL
　│　日式高湯粉…約4g
味噌…2大匙

備忘錄

配合高湯調整鹽分

日式高湯粉的鹽分會因產品而
改變。請依照使用的高湯粉產
品，依個人喜好調整份量。

製作方法

1　馬鈴薯去皮，剔除芽眼，切成容易食用的大
　　小。泡水，用濾網撈起，把水份瀝乾。洋蔥剝
　　掉外皮，切成薄片。

2　把馬鈴薯、洋蔥、Ⓐ材料放進鍋裡。蓋上鍋
　　蓋，用小火～中火加熱烹煮，直到馬鈴薯呈現
　　能夠用竹籤輕鬆插入的軟爛程度。

3　把乾燥裙帶菜放入步驟2的鍋裡，裙帶菜變軟
　　後，關火。

4　溶入味噌，再次開中火加熱。在即將沸騰之前，
　　關火。

🕐 20分鐘！
煎炸起司雞排套餐

奢華的西式料理組合，也非常適合假日午餐。
雞排用煎炸的，抓飯風格的拌飯用微波爐調理，簡單又快速。

MENU

| 煎炸起司雞排
| 水菜培根鹽味沙拉
| 鮪魚玉米抓飯風味拌飯

3菜2人份共計

¥ **848**日圓

3 菜 2 人份的主材料

- 雞胸肉…1片（約300g）
- 洋香菜碎末…適量
- 水菜…½ 包
- 培根…4 片
- 白飯…2 碗
- 鮪魚罐頭…1 罐
- 玉米…約100g
- 洋蔥…½ 個
- 奶油…15g

步驟

START	①	用微波爐加熱白飯（拌飯）
	②	切洋蔥、洋香菜。切培根（拌飯、炸雞排、鹽味沙拉）
⏱ 5分	③	用微波爐加熱洋蔥和奶油（拌飯）
	④	瀝乾水菜的水份，切水菜（鹽味沙拉）
	⑤	雞肉的事前處理（炸雞排） 〔直到裹麵衣為止〕
⏱ 10分	⑥	用微波爐加熱培根（鹽味沙拉）
	⑦	把白飯和食材拌勻，用微波爐加熱（拌飯）
⏱ 15分	⑧	煎炸雞肉（炸雞排） 〔一邊觀察平底鍋，把其他食材裝盤〕
	⑨	拌沙拉（鹽味沙拉）
	⑩	雞肉起鍋，切成容易食用的大小（炸雞排）
⏱ 20分	🍚	各別裝盤，完成！

重　點

- 我家裡都會一次煮整鍋飯，然後冷凍起來，所以要先用微波爐解凍。若是直接使用剛煮好的白飯，就直接使用。
- 依照準備好的順序，陸續用微波爐加熱。
- 雞肉處理好之後，不要馬上下鍋煎炸，先稍微放置一段時間。
- 炸雞排的同時，可以處理其他配菜的裝盤。
- 炸雞排要趁熱吃，所以要留到最後再完成。可以整塊下鍋煎炸，也可以切成對半後再煎炸。

煎炸起司雞排

⏱ 烹調 **10**分   ¥ 費用 **353**日圓   📇 便當OK   👧👧 兒童OK

剛起鍋的酥脆口感和焦香的起司風味十分好吃。
十分平價的一道主菜料理。請依個人喜好，搭配番茄醬或醬料一起享用。

※標示的烹調時間不含雞肉退冰至室溫的時間。

48

雞胸肉…1片（約300 g）
梳形切的檸檬…適量
幼嫩葉蔬菜、小番茄等…適量
沙拉油…適量

Ⓐ 　砂糖…1小匙
　　鹽巴…⅓小匙
Ⓑ 　麵包粉…4大匙
　　起司粉…1大匙
　　洋香菜碎末…依喜好調整

製作方法

1 　雞肉退冰至室溫。去除雞皮和多餘的油脂，剖開成片。用叉子等道具在各處刺穿幾個洞，依序搓揉上Ⓐ材料。

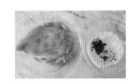

2 　把Ⓑ材料攤舖在調理盤或托盤上面，充分混合，用手確實塗抹按壓在雞肉的表面。

3 　用平底鍋加熱略多的油，用中火煎炸兩面約3～4分鐘。切成容易食用的大小，裝盤，再依個人喜好，隨附上檸檬、小番茄和幼嫩葉蔬菜。

📝備忘錄

● **關於煎炸**
把3大匙左右的油，倒進直徑20 cm的平底鍋裡面。如果是較小的平底鍋，就可以使用更少的炸油。油溫熱之後，把雞排慢慢放進平底鍋，表面呈現焦黃色之後，翻面。雙面都呈現焦黃色之後，快速取出，把油瀝乾。除了翻面的動作之外，請盡量不要隨意挪動。若是挪動得太頻繁，麵衣可能剝落，或者無法呈現漂亮的炸色。

● 洋香菜碎末可以混進麵包粉裡面，也可以依個人喜好，在起鍋後，撒在雞排上方。

水菜培根鹽味沙拉

用微波爐加熱培根後，再拌入水菜、調味料即可。除了可以利用培根的鹽味，也可以吃到水菜的水嫩口感。不分早中晚都很適合的一道。

烹調 5分　　費用 106日圓　　兒童OK

材料（2人份）

水菜…½包
培根…4片
Ⓐ 個人喜歡的油…½大匙
　 鹽巴…2小撮
　 增味劑…少許

製作方法

1 培根切成1cm的寬度，放進略大的耐熱調理碗裡面，不要覆蓋保鮮膜，直接用500W的微波爐加熱2分鐘。

2 水菜確實清洗乾淨後，把水份瀝乾，切除根部，切成2cm寬的段狀。

3 把水菜、Ⓐ材料放進步驟1的調理碗，充分拌勻。

鮪魚玉米抓飯
風味拌飯

用微波爐加熱，然後再拌勻就可以了。鮪魚的鮮味、蔬菜的甜味、奶油的濃郁，混合成爽口的美味。

調理 10分　費用 389日圓　便當OK　兒童OK

材料（2人份）

白飯…2碗
鮪魚罐（油漬口味）…1罐
玉米…約100ｇ
洋蔥…½個
奶油…約15ｇ
Ⓐ　法式清湯粉…1小匙
　　鹽巴…少許
　　粗粒黑胡椒…少許
洋香菜碎末…適量

製作方法

1　洋蔥剝掉外皮，切成碎末。

2　把洋蔥、奶油放進略大的耐熱調理碗，輕輕覆蓋上保鮮膜，用500Ｗ的微波爐加熱2分鐘。

3　把溫熱的白飯、鮪魚（連同罐頭湯汁一起）、玉米、Ⓐ材料，放進步驟2的調理碗，輕柔地混拌，避免擠壓到飯粒。再次蓋上保鮮膜，用500Ｗ的微波爐加熱3分鐘。

4　依個人喜好，把洋香菜碎末加入步驟3的調理碗，粗略地混拌。

🕐 20分鐘！
油豆腐豬肉捲套餐

很受歡迎的豬肉捲，和不使用火烹調的配菜一起搭配。
搭配清爽可口的醋漬小菜。
馬鈴薯沙拉則是搭配大量的菜葉蔬菜。

MENU

油豆腐豬肉捲
醋漬小黃瓜和裙帶菜
明太子馬鈴薯沙拉

3菜2人份共計

¥ **712**日圓

3菜2人份的主材料

- 豬五花肉片
    …8片（約200ｇ）
- 油豆腐…1塊（180ｇ）
- 小黃瓜…1條
- 蟹味棒…約60ｇ
- 乾燥裙帶菜…約2ｇ
- 馬鈴薯…1～2個
- 辣明太子…½塊

步驟

START	①	馬鈴薯泡水，用微波爐加熱（馬鈴薯沙拉）
	②	裙帶菜泡軟，切小黃瓜（醋漬）
🕐 5分	③	用豬肉把油豆腐捲起來，放進鍋裡煎（油豆腐豬肉捲）
	④	搗碎馬鈴薯，拌勻（馬鈴薯沙拉）
🕐 10分	⑤	瀝乾裙帶菜、小黃瓜的水份（醋漬）
	⑥	熬煮醬汁（油豆腐豬肉捲）
🕐 15分	⑦	拌勻醋漬小菜
	⑧	熬煮豬肉捲，直到呈現光澤（油豆腐豬肉捲）
🕐 20分	⬤	各別裝盤，完成！

> 馬鈴薯加熱中
>
> 豬肉捲確實香煎

重 點

- 首先，先從比較花時間的馬鈴薯微波加熱開始。加熱後取出，放涼至熱度可以用手觸摸的程度。
- 馬鈴薯加熱至不需要太用力也能壓碎的軟度。食譜的作法是先切塊，然後再微波加熱，不過，也可以用保鮮膜把整顆馬鈴薯包起來，再放進微波爐加熱。
- 微波加熱的同時，進行醋漬小菜和豬肉捲的事前處理。
- 利用煎豬肉捲的同時，完成配菜。因為希望豬肉捲可以趁熱吃，所以豬肉捲就留到最後再完成。
- 煎豬肉捲的時候，如果反覆滾動，豬肉捲會變形，所以要一面一面地煎，不要太頻繁挪動。

油豆腐豬肉捲

調理
⏱ 10分

費用
¥ 441日圓

⊡ 便當OK

👧👦 兒童OK

口感帶有嚼勁，外觀也十分可口的豬肉捲。略帶爽口的醬燒醬汁，讓人停不下筷。
因為包著油豆腐，所以不需要瀝乾水份。短時間內就能完成。

豬五花肉片…8片（約200g）
油豆腐…1塊（180g）
Ⓐ 醬油…1.5大匙
　砂糖…1大匙
　味醂…1大匙
　穀物醋…½大匙
Ⓑ 鹽巴…少許
　粗粒黑胡椒…少許

小蔥蔥花…適量
金芝麻…適量
沙拉油…適量

製作方法

1　用廚房紙巾把油豆腐多餘的油和水擦掉，橫切成8等份。Ⓐ材料放進調理碗混合攪拌。

2　把少量的油倒進平底鍋。用豬肉把油豆腐捲起來，尾端朝下，排放在平底鍋裡面。

3　把Ⓑ材料撒在步驟2的豬肉捲上方，開中火加熱，把表面煎透。

4　持續煎烤，直到全面都呈現焦黃色之後，用廚房紙巾擦掉平底鍋裡多餘的油脂。倒進Ⓐ材料，充分熬煮。裝盤，依個人喜好，撒上小蔥、芝麻。

醋漬小黃瓜和裙帶菜

使用調味醋,利用醇厚的酸味,製作出爽口的味道。希望多一道料理時,不需用火,就能快速製作。

調理 **5**分　費用 **155**日圓　便當OK　兒童OK

材料(2人份)

小黃瓜…1條
蟹味棒…約60g
乾燥裙帶菜…約2g
鹽巴(搓鹽用)…⅓小匙
Ⓐ 調味醋…2大匙
　 砂糖…½大匙

製作方法

1 乾燥裙帶菜用水泡軟。

2 小黃瓜切掉兩端,用切片器把小黃瓜削成薄片。搓揉鹽巴,用手擠掉水份。

3 把小黃瓜、瀝乾水份的裙帶菜、揉散的蟹味棒、Ⓐ材料放進調理碗,充分拌勻。

備忘錄

關於調味醋

我們家使用的調味醋是,味滋康(Mizkan)的「柔和醋」。不會太過刺鼻的醇厚味道,比較容易使用於各式各樣的料理。沒有調味醋的時候,可以用添加少量砂糖的穀物醋代替使用,不過,醇厚味道會有些許不同,所以請先少量添加,試過味道之後再進行調整。

明太子馬鈴薯
沙拉

有著明太子辛辣口感的馬鈴薯沙拉。用微波爐加熱馬鈴薯，搗碎後再拌勻即可。製作簡單，也很適合當小菜。

調理 **10分**　費用 **116日圓**

材料（2人份）

馬鈴薯…1～2個
辣明太子…½塊
美乃滋…2大匙
撕碎的萵苣、小番茄、海苔絲等
…依喜好調整

製作方法

1　馬鈴薯去皮，剔除芽眼，切成塊狀，泡水2～3分鐘。

2　把瀝乾水份的馬鈴薯放進耐熱調理碗，輕輕覆蓋上保鮮膜，用500W的微波爐加熱5分鐘。

3　馬鈴薯用叉子等道具搗碎。加入去除薄皮的明太子、美乃滋，充分拌勻。裝盤，依個人喜好，隨附上萵苣或小番茄等，放上海苔絲。

🕐 20分鐘！
照燒馬鈴薯豬肉套餐

全年都適合品嚐的照燒料理，搭配清爽的配菜和湯品。
可以吃到大量的蔬菜，份量也十足的3道料理。

MENU

照燒馬鈴薯豬肉
魩仔魚高麗菜海苔沙拉
水菜雞蛋羹

3菜2人份共計

¥ **737** 日圓

58

3菜2人份的主材料

- 豬肩胛肉片…約200g
- 馬鈴薯…2個
- 高麗菜…2～3片
- 魩仔魚…約30g
- 水菜…½包
- 胡蘿蔔…1小條
- 雞蛋…2個

步驟

START   ① 切馬鈴薯，用微波爐加熱（照燒）── 微波加熱中

         ② 切胡蘿蔔，烹煮（羹）

🕐 **5分**   ③ 水菜和高麗菜瀝乾，切好（羹、沙拉）

         ④ 煎馬鈴薯（照燒）── 一邊觀察平底鍋的情況

🕐 **10分** ⑤ 放入水菜（羹）

         ⑥ 勾芡，倒入蛋液（羹）

         ⑦ 混合調味料，和高麗菜、魩仔魚拌勻（沙拉）

🕐 **15分** ⑧ 加入豬肉，調味（照燒）── 收乾湯汁

         ⑨ 加入海苔絲、芝麻拌勻（沙拉）

🕐 **20分** 🍚 各別裝盤，完成！

重　點

- 概略來說，照燒馬鈴薯豬肉的馬鈴薯，一下要用微波爐加熱，一下又要煎，所以比較費時，因此，可以利用那些空檔完成沙拉和湯，就差不多是這樣的感覺。
- 馬鈴薯煎出焦色會比較美味，所以要多費點時間。
- 沙拉的關鍵就在於確實瀝乾蔬菜的水份。

照燒馬鈴薯豬肉

烹調 10分　費用 438日圓　便當OK　兒童OK

豬肉和馬鈴薯十分對味，濃郁且口感十足。
剛上桌的鬆軟馬鈴薯最美味。用基本的調味料就能製作完成。

豬肩胛肉片…約200g
馬鈴薯…2個
鹽巴…適量
Ⓐ 醬油…1大匙
　 酒…½大匙
　 味醂…½大匙
　 砂糖…1小匙
沙拉油…適量

製作方法

1　馬鈴薯去皮，剔除芽眼，切成梳形切，泡水2～3分鐘。豬肉用叉子等道具在各處刺穿幾個洞，切成容易食用的大小。

2　把瀝乾水份的馬鈴薯放進耐熱容器，輕輕覆蓋上保鮮膜，用500W的微波爐加熱3分鐘。

3　把油倒入平底鍋加熱，放入瀝乾水份的馬鈴薯，依個人喜好，加入鹽巴，用中火持續拌炒，直到表面呈現焦色。加入豬肉，持續拌炒直到表面的顏色改變。

4　加入Ⓐ材料，讓味道均勻遍佈。裝盤。

📋備忘錄　　使用新馬鈴薯時，就算直接帶皮使用也沒關係。這裡使用的是新馬鈴薯。

魩仔魚高麗菜
海苔沙拉

魩仔魚和海苔形成清爽美味的日式沙拉。口感絕佳,同時也十分健康。

🕐 烹調 **5分**　　¥ 費用 **172日圓**　　😊😊 兒童OK

材料(2人份)

高麗菜…2～3片
魩仔魚…約30g
Ⓐ 調味醋…2大匙
　 芝麻油…½大匙
　 增味劑…½小匙
Ⓑ 海苔絲…適量
　 金芝麻…適量

製作方法

1　高麗菜清洗乾淨後,確實瀝乾水份,切成6～7mm寬的細條。

2　把Ⓐ材料放進調理碗混合攪拌,加入高麗菜、魩仔魚,充分拌勻。

3　把Ⓑ材料撒在步驟2的食材上方,快速拌勻。

水菜雞蛋羹

食材豐富且健康的湯品。溫暖舒心的味道。多餘的水菜也建議藉此機會使用。也可以添加豆腐,增加份量。

🕐 烹調 **10**分　¥ 費用 **127**日圓　😊😊 兒童OK

材料（2人份）

水菜…½包
胡蘿蔔…1小條
雞蛋…2個
Ⓐ 太白粉…1小匙
　水…1小匙
Ⓑ 水…500mL
　白醬油…2大匙
　醬油…少許

製作方法

1 水菜清洗乾淨後,確實瀝乾水份,切除根部,切成1cm寬的段狀。胡蘿蔔削皮,切成細絲。

2 雞蛋打進調理碗,打散成蛋液。Ⓐ材料混合攪拌,製作成太白粉水。

3 把胡蘿蔔、Ⓑ材料放進鍋裡加熱。煮沸後,用小火～中火持續烹煮,直到胡蘿蔔變軟。

4 水菜依照莖、葉的順序,依序加入,用太白粉水勾芡。

5 改用大火,煮沸後,淋入蛋液。雞蛋變得略硬後,關火。

🕐 20分鐘！
烤玉米美乃滋鮭魚套餐

不用緊盯就能製作完成的鮭魚主菜，搭配份量十足的湯品。
準備起來也十分簡單的主菜，是家裡常見的料理。容易同步製作的組合。

MENU

- 烤玉米美乃滋鮭魚
- 豆苗鹽昆布韓式拌菜
- 白菜粉絲雞蛋湯

3菜2人份共計

¥ **701** 日圓

3菜2人份的主材料

- 生鮭魚…2塊
- 玉米…約30g
- 洋香菜碎末…適量
- 豆苗…1包
- 鹽昆布…1〜2撮
- 白菜…⅛株
- 雞蛋…2個
- 乾燥粉絲…約20g
- 乾燥裙帶菜…約2g
- 番茄…依喜好調整

步驟

START — ① 烤箱預熱（烤玉米美乃滋）

② 切白菜，烹煮（雞蛋湯） ── 利用烤箱預熱的空檔

⏰ **5分** ③ 切豆苗，微波加熱後，瀝乾水份（韓式拌菜）

④ 烤鮭魚（烤玉米美乃滋）

⏰ **10分** ⑤ 切番茄（烤玉米美乃滋） ── 利用烤鮭魚的空檔

⑥ 放入粉絲、裙帶菜（雞蛋湯）

⏰ **15分** ⑦ 拌豆苗（韓式拌菜）

⑧ 淋入蛋液（雞蛋湯）

⏰ **20分** 🍽 各別裝盤，完成！

重　點

- 鮭魚處理好之後，放進烤箱，直接烘烤出爐就完成了。
- 烹煮白菜，鮭魚放進烤箱之後，可以利用空檔烹調豆苗、切番茄。
- 最後，距離鮭魚出爐還有一點空檔，就可以先把其他配菜裝盤。
- 我家裡有1台微波爐和1台烤箱，使用1台烤箱微波爐時，只要先進行豆苗的微波加熱，或是用烤魚網製作烤玉米美乃滋，就可以更有效率地烹調。

烤玉米美乃滋
鮭魚

烹調 **15**分　費用 **483**日圓　便當OK　兒童OK

非常簡單的魚類料理。把玉米美乃滋鋪在鮭魚上面,放進烤箱裡面烤就可以了。
準備作業不到5分鐘就完成。令人熟悉的美味。

生鮭魚…2塊
玉米…約30g
Ⓐ 鹽巴…少許
│ 粗粒黑胡椒…少許
Ⓑ 美乃滋…3大匙
│ 起司粉…少許
洋香菜碎末…適量
番茄…依喜好調整

製作方法

1 把Ⓐ材料撒在鮭魚上面。烤箱預熱至180度。

2 把玉米、Ⓑ材料放進調理碗，混合攪拌。

3 把料理紙鋪在烤盤上面。鮭魚皮朝下，排放在烤盤
裡面，把步驟2的玉米美乃滋塗抹在上方。

抹上大量食材！

4 用180度的烤箱烤10分鐘左右。裝盤，依個人喜
好，撒上洋香菜碎末，再依照個人喜好，隨附上切
成適當大小的番茄。

豆苗鹽昆布
韓式拌菜

豆苗微波加熱後拌勻即可。希望多一道料理時，就可以快速製作。芝麻風味十分美味，非常適合清口的配菜。

🕐 烹調 **5分**　¥ 費用 **110日圓**　⊡⊞ 便當OK　👧👧 兒童OK

材料（2人份）

豆苗…1包
Ⓐ 鹽昆布…1～2小撮
　芝麻油…1小匙
　金芝麻…適量

製作方法

1 豆苗切除根部，清洗乾淨後，瀝乾水份，切成對半。

2 把豆苗放進耐熱調理碗，輕輕覆蓋上保鮮膜，用500W的微波爐加熱1分鐘30秒。攤放在濾網內散熱，用手確實擠掉水份。

3 把豆苗、Ⓐ材料放進調理碗，充分拌勻。

白菜粉絲
雞蛋湯

放入大量白菜的健康湯品。有多餘的白菜或想用掉的雞蛋時，也十分推薦這一道。食材十分豐富，很有飽足感的一道。

⏱ 烹調 **15**分　¥ 費用 **106**日圓　 兒童OK

材料（2人份）

白菜…⅛ 株
雞蛋…2個
乾燥粉絲…約20g
乾燥裙帶菜…約2g
Ⓐ　水…400mL
　│　中式高湯粉…1.5小匙
　│　醬油…1/2小匙
小蔥蔥花…適量

製作方法

1 白菜切除菜心，清洗乾淨後，瀝乾水份，把菜葉切成1cm寬的段狀，菜梗切成5mm寬的細絲或細條。

2 把白菜、Ⓐ材料放進鍋裡，蓋上鍋蓋，用略小的中火～中火烹煮8分鐘。

3 暫時掀開鍋蓋，加入乾燥粉絲、乾燥裙帶菜，蓋上鍋蓋，進一步烹煮2分鐘。雞蛋打進調理碗打散。

4 掀開鍋蓋，淋入蛋液。雞蛋略硬後，關火。起鍋，依個人喜好，撒上小蔥。

2
PART

馬上開飯的

主菜

每道料理都可以在 15 分鐘內完成。

馬上就能上桌，份量十足的

肉類料理、魚類料理。

非常下飯的調味，

肚子餓的時候也能十分滿足。

雞肉洋蔥嫩蛋

烹調
10分

費用
242日圓

兒童OK

滑嫩的半熟蛋和帶有甜味的日式高湯，讓筷子停不下來！
只要鋪在白飯上面，馬上就是一碗美味的親子蓋飯。

雞腿肉…約150g
雞蛋…4個
洋蔥…¼個
Ⓐ 砂糖…1.5大匙
　 味醂…1.5大匙
　 醬油…1大匙
　 白醬油…1大匙
小蔥蔥花…適量

製作方法

1　雞肉退冰至室溫。去除多餘的油脂，用叉子等道具在各處刺穿幾個洞，切成2cm的塊狀。洋蔥切片。雞蛋打進調理碗，打散成蛋液。

2　把雞肉、洋蔥、Ⓐ材料，放進略小的平底鍋，蓋上鍋蓋，加熱。煮沸後，改用中火，約烹煮6分鐘。

3　掀開鍋蓋，淋入蛋液。再次蓋上鍋蓋，雞蛋呈現半熟後，裝盤，依個人喜好，撒上小蔥。

📝備忘錄　預定製作成親子蓋飯，所以調味稍微偏重了一些。作為單品時，只要調整一下各種調味料的份量，製作成符合個人喜好的口味就可以了。

茄子溜煮雞胸肉

烹調	費用	
🕐 10分	¥ 327日圓	兒童OK

製作快速,而且又十分超值的料理。
以白醬油作為基底的日式芡汁十分美味,
茄子軟嫩,雞胸肉也十分滑溜、彈牙。

雞胸肉…約250g
茄子…2條
太白粉…2大匙
小蔥蔥花…適量
沙拉油…適量

Ⓐ 白醬油…1大匙
　砂糖…1大匙
　醬油…½大匙
　生薑醬…3cm
　水…50mL

製作方法

1 雞肉退冰至室溫。去除雞皮和多餘的油脂，用叉子等道具在各處刺穿幾個洞，削切成略小的薄片。

2 茄子切除蒂頭，切成略小的滾刀塊。切好後，馬上放進倒了油的平底鍋，讓茄子裹滿油，用中火加熱。

3 趁拌炒茄子的期間，把太白粉塗抹在雞肉上面。

4 茄子的表面熟透後，把茄子挪到一邊。把雞肉放進鍋裡的空處，持續拌炒直到表面的顏色改變。

5 倒入Ⓐ材料，蓋上鍋蓋，用小火～中火燜煮2分鐘。裝盤，依個人喜好，撒上小蔥。

備忘錄 把太白粉塗抹在雞肉上面的時候，如果太早塗抹，會吸收太多水份，導致肉質變得乾柴，所以要在下鍋之前塗抹。茄子在拌炒之前先裹滿油，就可以防止煮熟時，吸了太多的油。

番薯炒雞肉

🕐 烹調 **15分** ¥ 費用 **298日圓** 🍱 便當OK 👧👧 兒童OK

熟悉的日式風味，十分下飯。
使用標準的調味料，份量好記且容易製作。
也適合帶便當。

雞腿肉…1片（約250g）
番薯…½條
鹽巴…少許
金芝麻…適量
沙拉油…適量

A 醬油…1大匙
味醂…1大匙
砂糖…1大匙

製作方法

1 雞肉退冰至室溫。去除多餘的油脂，用叉子等道具在各處刺穿幾個洞，切成1～2cm的塊狀，撒上鹽巴。

2 番薯充分清洗乾淨。切除兩端，切成長度5cm、寬度1cm的條狀，泡水。

3 把少量的油倒進平底鍋，雞皮朝下，放進鍋裡。用中火煎煮，直到兩面的表面都變色，加入瀝乾水份的番薯，混合拌炒，使整體裹滿油。

4 用廚房紙巾擦掉平底鍋裡多餘的油，蓋上鍋蓋，用小火燜煎4～5分鐘。

5 掀開鍋蓋，倒入A材料，收乾湯汁後，依個人喜好，撒上芝麻。

備忘錄　　燜煎的時候，要在中途掀開鍋蓋，稍微翻攪一下，讓整體的受熱可以更平均。

味噌起司雞柳

🕐 烹調 **10**分　¥ 費用 **199**日圓　⊞ 便當OK　👶👧 兒童OK

用微波爐製作的健康主菜。
清淡的雞柳鋪上味噌和起司，形成恰到好處的濃郁鮮味。
也可以切片，當成便當菜色。

雞柳…4條（約240g）　　　　小番茄…依喜好調整
酒…1大匙　　　　　　　　　　幼嫩葉蔬菜…依喜好調整
味噌…1大匙
綜合起司…適量
海苔絲…依喜好調整

製作方法

1　雞柳去筋，剖開成片，用叉子等道具在各處刺穿幾個洞。不重疊地排放在耐熱盤裡，淋入酒。

2　在雞柳的表面塗滿味噌，再將起司鋪在最上方。

3　輕輕覆蓋上保鮮膜，用500W的微波爐加熱3～3分30秒。裝盤，依個人喜好，撒上海苔絲。再依個人喜好，隨附上小番茄、幼嫩葉蔬菜。

📝備忘錄　微波加熱時，如果加熱過久，肉質會變得乾柴，所以要多加注意。加熱後，要確認加熱的情況，如果還有未熟的部分（紅色），請再逐次額外加熱20秒。加熱之後，雞柳會像照片那樣出水，所以要稍微瀝乾後再裝盤。

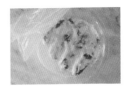

家常豬排

烹調
10分

費用
604日圓

便當OK

兒童OK

抹上麵粉煎烤的豬肉，多汁美味！
基本調味料可製作出的醬燒醬汁，好吃得不得了。
想大口吃肉的日子，特別推薦。

厚切里肌豬肉…2片（約300g）
蒜頭…1瓣
麵粉…2小匙
幼嫩葉蔬菜…依喜好調整
小番茄…依喜好調整
沙拉油…適量

Ⓐ 鹽巴…少許
　　粗粒黑胡椒…少許
Ⓑ 醬油…2小匙
　　味醂…2小匙
　　伍斯特醬…2小匙
　　番茄醬…1小匙

製作方法

1 豬肉退冰至室溫。斷筋後，撒上Ⓐ材料。蒜頭剝
皮，切成薄片。Ⓑ材料放進調理碗混合攪拌。

2 把油、蒜頭放進平底鍋，用小火加熱。確實拌炒，
蒜頭呈現焦黃色之後，稍微把油瀝掉後，起鍋。

3 把麵粉塗抹在豬肉上面，放進步驟2的平底鍋，用
略小的中火煎2分鐘，翻面後，進一步煎2分鐘。

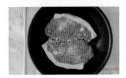

4 用廚房紙巾擦掉平底鍋裡面多餘的油，倒入Ⓑ材
料，讓醬汁裹滿豬肉表面。裝盤，把步驟2暫時起
鍋的蒜片撒回鍋裡，依個人喜好，隨附上幼嫩葉蔬
菜和切成對半的小番茄。

📒 備忘錄 　把位於紅肉和脂肪之間的筋切斷，稱為「斷
筋」。這個做法可以預防豬肉因加熱而收縮，
同時使加熱更均勻。我會像照片這樣，粗略地
連紅肉部份都切出刀痕。這樣比較容易確認
煎煮的熟度。

醬燒薯蕷豬肉捲

烹調　10分　費用　459日圓　兒童OK

最後用略帶焦香的醬油調味，十分簡單的食譜。
香氣四溢的風味挑逗食慾。
也建議製作成重口味，當成點心、小吃。

材料（2人份）

豬五花肉片…8片（約200g）
薯蕷…約150g
A 鹽巴…少許
│ 粗粒黑胡椒…少許
醬油…1大匙
小蔥蔥花…適量
沙拉油…適量

製作方法

1 薯蕷削皮，切成1cm厚的片狀。

2 把少量的油倒進平底鍋。先不要開火。用豬肉把薯蕷捲起來，尾端朝下，排放在平底鍋裡面。

3 撒上**A**材料，用中火～大火煎煮，直到兩面呈現焦黃色為止。

4 用廚房紙巾擦掉平底鍋裡面多餘的油，淋入醬油，使味道遍佈整體。裝盤，依個人喜好，撒上小蔥。

備忘錄　　薯蕷切片後，要用豬肉捲起來，所以最好不要太大。我是用直徑約5cm、長度約15cm的薯蕷製作的。最後進行調味的時候，步驟3的平底鍋帶有熱度，所以要直接利用當時的火侯，把醬油一口氣倒入。水份瞬間蒸發之後，味道會略帶焦味，所以要快點處理。

蒜炒豬肉豆芽

烹調
10分

費用
467日圓

經濟實惠又簡單。大口吃肉，補充活力的料理。
也可以依個人喜好，放點辣椒進去，
略帶刺激的辣味就會形成整體的亮點。

豬肩胛肉片…約200g
豆芽…1包
蒜頭…2瓣
辣椒…少許
Ⓐ 醬油…1大匙
　｜　增味劑…½小匙
　｜　粗粒黑胡椒…少許
沙拉油…適量

製作方法

1　豬肉用叉子等道具在各處刺穿幾個洞，切成容易食
　　用的大小。豆芽用水清洗乾淨後，把水份瀝乾。蒜
　　頭剝皮，切成薄片。

2　把油倒進平底鍋加熱，放入蒜頭、辣椒（依個人喜
　　好），用小火拌炒，直到產生香氣。

3　把豬肉放進步驟2的平底鍋裡面，用中火翻炒，直
　　到表面的顏色改變。

4　加入豆芽，改用大火，把整體混合拌炒。

5　加入Ⓐ材料，讓味道均勻遍佈於整體。

蒲燒茄子豬肉

烹調 **10**分 費用 **363**日圓 便當OK 兒童OK

甜中帶鹹的美味，
切好下鍋炒，三兩下就能搞定。
調味料的份量都相同，作法十分簡單。

豬腿肉片…約200ｇ
茄子…2條

Ⓐ 酒…1大匙
　　味醂…1大匙
　　醬油…1大匙
　　砂糖…1大匙

小蔥蔥花…適量
沙拉油…適量

製作方法

1　豬肉切成容易食用的大小。

2　茄子切掉蒂頭，切成略大的滾刀塊。切好之後，馬上丟進倒了油的平底鍋，讓茄子裹滿油。

3　用中火翻炒，略帶焦色後，挪到鍋子的一邊。把豬肉放進鍋裡的空處，持續翻炒直到表面變色。

4　倒入Ⓐ材料，持續翻炒，讓水份確實蒸發。裝盤，依個人喜好，撒上小蔥。

軟嫩多層炸豬排

🕐 烹調 **15分**　¥ 費用 **418日圓**　 便當OK　👦👧 兒童OK

因為是由豬肉片重疊製成，所以容易咬碎且多汁。
口感十足的主菜。
因為是肉片，所以處理起來也非常輕鬆。

豬肉片…約200g
Ⓐ 鹽巴…少許
　粗粒黑胡椒…少許
Ⓑ 雞蛋…1個
　麵粉…3大匙
　水…1大匙

麵包粉…適量
高麗菜絲…依喜好調整
梳形切的檸檬…依喜好調整
沙拉油…適量

製作方法

1　豬肉攤開，撒上Ⓐ材料，分別把4片豬肉重疊在一起。切成容易食用的大小，用叉子等道具在各處刺穿幾個洞。

2　把Ⓑ材料放進調理碗，充分混合攪拌。把麵包粉倒在調理盤或托盤。

3　豬肉依序沾上Ⓑ材料、麵包粉。兩面都要確實裹滿材料，避免不均。

4　用平底鍋加熱較多的油，用中火煎炸。兩面都呈現焦黃色後，用濾網等道具撈起，把油瀝乾。裝盤，依個人喜好，隨附上高麗菜絲和檸檬。

📋備忘錄

關於煎炸

把3大匙左右的油，倒進直徑20cm的平底鍋裡面。如果是較小的平底鍋，就可以使用更少的炸油。油溫熱之後，把食材慢慢放進平底鍋，表面呈現焦黃色之後，翻面。雙面都呈現焦黃色之後，快速取出，把油瀝乾。除了翻面的動作之外，請盡量不要隨意挪動。若是挪動得太頻繁，麵衣可能剝落，或者無法呈現漂亮的炸色。

醬燒牛肉

🕐 烹調 **10分**　　💴 費用 **464日圓**　　⊡📅 便當OK　　👧👧 兒童OK

簡單調味的醬燒料理。關鍵就是用略小的火力煎煮。
起鍋時，只要撒上山椒粉，就能更添風味。
我們家使用磨成粉的山椒，香味格外獨特。

牛肉切片…約200g
Ⓐ 醬油…1大匙
　 酒…1大匙
　 砂糖…2小匙
山椒粉…適量
沙拉油…適量

1 牛肉用叉子等道具在各處刺穿幾個洞，切成容易食用的大小。

2 用調理碗等容器，把Ⓐ材料混合攪拌，加入牛肉充分拌勻。

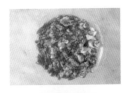

3 把油倒進平底鍋加熱，放入牛肉，一邊將牛肉攤開，用小火～略小的中火煎煮，直到水份幾乎蒸發。裝盤，依個人喜好，撒上山椒粉。

浦燒竹莢魚

🕐 烹調 **10分**　　¥ 費用 **407日圓**　　⊡ 便當OK　　👧👦 兒童OK

肉質軟嫩，鹹甜美味的魚類料理。
調味料的搭配十分簡單，
學一次就能簡單製作的食譜。

竹筴魚（三片切）…8片
Ⓐ　酒…1大匙
　　味醂…1大匙
　　醬油…1大匙
　　砂糖…1大匙
太白粉…適量
金芝麻…適量
沙拉油…適量

製作方法

1　Ⓐ材料放進調理碗混合攪拌。竹筴魚去除魚刺，把太白粉塗抹於兩面。

2　把油倒進平底鍋加熱，魚皮朝下，放進鍋裡，用中火煎至呈現焦黃色為止。

3　翻面，另一面也煎至焦黃色。倒入Ⓐ材料，收乾湯汁。依個人喜好，撒上芝麻。

📝備忘錄　除了三片切的竹筴魚之外，生魚片用或油炸用的魚塊也相當適合製作。生魚片用的魚塊已經去除魚皮，煎煮後魚肉容易散開，所以煎煮時要特別小心。

柚子醋
照燒青甘鰺

烹調
🕐 **10**分

費用
¥ **427**日圓

便當OK

兒童OK

爽口軟嫩的照燒風味。
青甘鰺沒有細小的魚骨，
所以也可以讓小朋友一起分著吃。

青甘鰺…2塊
鹽巴…1～2撮
麵粉…1.5小匙
Ⓐ 柚子醋醬油…3大匙
　 味醂…1.5大匙
小蔥蔥花…適量
沙拉油…適量

製作方法

1 青甘鰺如果有較大的魚骨，就進行剔除。放進舖有廚房紙巾的容器裡面，把鹽巴塗抹於兩面，放置10分鐘左右。

2 用廚房紙巾按壓，把水份吸乾，在兩面薄塗上麵粉。

3 把少量的油倒進平底鍋加熱，放進青甘鰺，單面用中火煎煮2分鐘後，翻面。

4 蓋上鍋蓋，用小火燜煎2分鐘左右。兩面都呈現焦黃色後，掀開鍋蓋，加入Ⓐ材料，改用中火收乾湯汁。裝盤，依個人喜好，撒上小蔥。

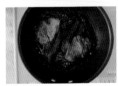

備忘錄　抹鹽後放置10分鐘，多餘的水份就會滲出，就能讓青甘鰺的肉質更緊實。另外，也能去除腥味。

日式咖哩鯖魚與
根莖蔬菜

烹調
15分

費用
322日圓

兒童OK

含有大量根莖蔬菜的咖哩，不需要太多繁雜的處理作業。
清脆的口感，十分好吃。
可以舖在白飯上面，也可以當配菜，各種吃法都可以。

鯖魚罐頭（水煮口味）…1罐
蓮藕…1節
胡蘿蔔…½條
洋蔥…¼個
Ⓐ 咖哩糊（片狀）…約30g
　│ 白醬油…½大匙
　│ 水…50mL
小蔥蔥花…適量
五穀飯…依喜好調整
沙拉油…適量

製作方法

1　蓮藕削皮，切成6～7mm厚的半月切，或是銀杏切。

2　胡蘿蔔削皮，切成略小的滾刀塊。洋蔥剝皮，切成
　　　薄片。

3　把少量的油倒進平底鍋，放入所有的蔬菜，用中火
　　　拌炒。整體裹滿油之後，蓋上鍋蓋，燜煮5分鐘。

4　掀開鍋蓋，加入Ⓐ材料、連同湯汁在內的鯖魚，烹
　　　煮至水份蒸發為止。裝盤，依個人喜好，撒上小蔥，
　　　再依個人喜好，隨附上白飯。

📝 備忘錄　咖哩糊使用薄片類型。因為容易測量用量，也容易溶解。使用固體形狀的咖哩糊
時，只要先用菜刀等道具，把咖哩塊切碎，讓咖哩糊更容易溶解就可以了。
鯖魚罐要連同湯汁一起烹煮。

法式乾煎
香草旗魚

烹調 10分　費用 334日圓　便當OK　兒童OK

奶油和香草的風味誘出旗魚的鮮味。
塗抹上麵粉的旗魚，外表酥脆，內部多汁。
也很適合帶便當。

旗魚…2塊

Ⓐ 鹽巴…少許
　牛至…少許
　百里香…少許

麵粉…1.5小匙

奶油…約10g

梳形切的檸檬…適量

番茄…依喜好調整

幼嫩葉蔬菜…依喜好調整

製作方法

1　旗魚退冰至室溫。用廚房紙巾按壓，吸乾水份，把 Ⓐ 材料塗抹於兩面。

2　把麵粉薄塗於旗魚表面，將奶油放進平底鍋加熱，用略小的中火乾煎2分鐘。

3　把旗魚翻面，蓋上鍋蓋，用小火燜煎2分鐘。雙面都呈現焦黃色後，裝盤，依個人喜好，隨附上切成容易食用大小的番茄、幼嫩葉蔬菜。

📝備忘錄　　香草請使用個人喜歡的種類。牛至和百里香可以增添肉或魚類的鮮味，適合各種料理。旗魚如果在冰冷狀態下烹調，會出現加熱不均的問題，所以要在烹調前先從冰箱內取出，退冰至室溫。只要在室內放置10～15分鐘即可。

紙包奶油洋蔥
鮭魚

🕐 烹調 **15**分　¥ 費用 **460**日圓　 兒童OK

奶油風味挑逗食慾的紙包鮭魚。
小番茄和洋蔥散發出鮮味，
引誘出鮭魚的美味。

材料（2人份）

生鮭魚…2塊
洋蔥…¼個
小番茄…4個
鹽巴…少許
粗粒黑胡椒…少許
酒…1大匙
奶油…約10g
水煮青花菜…依喜好調整

製作方法

1 洋蔥剝皮，切成薄片。鮭魚撒上鹽巴、粗粒黑胡椒。烤箱預熱至180度。

2 把約30cm寬的料理紙剪裁成正方形，依序重疊放上一半份量的洋蔥、鮭魚1塊。淋上1/2大匙的酒，放上5g的奶油。旁邊隨附上2個小番茄。

3 把料理紙對角線上的角重疊對齊，往內捲起摺疊，再把兩端扭轉密封起來。利用與步驟2、3相同的做法，再另外製作一個。

4 用180度的烤箱烤10分鐘左右。依個人喜好，隨附上青花菜。

3
PART

馬上開飯的

配菜

可以快速製作的配菜是，

希望為餐桌增添色彩的時候，

或是希望攝取蔬菜時的強力夥伴。

就算是沒用完的剩餘食材，

仍可派上用場的食譜。

芝麻泡菜拌小黃瓜

小黃瓜的口感和芝麻的風味、泡菜的辛辣令人上癮。也建議當成小菜。

🕐 烹調 **5分**　　¥ 費用 **55日圓**

材料（2人份）

小黃瓜…1條、鹽巴（砧板搓揉用）…1/2小匙、Ⓐ〔白菜泡菜…適量、芝麻油…1小匙、金芝麻…少許、海苔絲…依喜好調整〕、鹽巴（最後調味用）…少許

製作方法

1 小黃瓜撒上鹽巴，放在砧板上搓揉，用廚房紙巾擦掉鹽巴和水份。切掉頭尾兩端，縱向切出些許切口後，用手掰成容易食用的大小。

2 把小黃瓜、Ⓐ材料放進調理碗，充分拌勻，再依個人喜好，加入鹽巴。

和風醬拌鮪魚薯蕷

可當成略為奢侈的點心，也可以剁成細碎製成蓋飯。任何種類的鮪魚都可以，不過，比較推薦採用紅肉且少帶筋的部位。

🕐 烹調 **5分**　　¥ 費用 **267日圓**

材料（2人份）

鮪魚（生魚片用）…約100g、薯蕷…約100g、小蔥蔥花…適量、Ⓐ〔醬油…1大匙、白醬油…1小匙〕、山葵醬…依喜好調整

製作方法

1 鮪魚和薯蕷切成1.5cm的塊狀。

2 把鮪魚、薯蕷、小蔥粗略混拌。裝盤，淋上混合攪拌的Ⓐ材料。依個人喜好，隨附上山葵。

青紫蘇拌番茄魩仔魚

青紫蘇和芝麻風味，令人停不下手邊的筷子。想吃點清爽料理時，務必試試看。

烹調 **5分** ｜ 費用 **128日圓** ｜ 兒童OK

材料（2人份）

番茄…1個、魩仔魚乾…30g、青紫蘇…3片、醬油…1小匙、金芝麻…少許

製作方法

1. 番茄清洗乾淨後，把水份瀝乾，切成對半，切除蒂頭，切成梳形切。青紫蘇也稍微清洗，把水份瀝乾，疊放在一起，捲成條狀，切成細絲。
2. 把所有材料放進調理碗，輕輕拌勻，避免搗爛番茄。

鹽昆布拌酪梨

酪梨切塊後，只要放進鹽昆布、芝麻油拌勻即可。令人上癮的味道，三兩口就瞬間吃光了。

烹調 **5分** ｜ 費用 **120日圓** ｜ 兒童OK

材料（2人份）

酪梨…1個、〔鹽昆布…1～2撮、芝麻油…½大匙、金芝麻…適量〕

製作方法

1. 酪梨縱切出切痕，用手扭轉，把酪梨分成兩半。取出種籽，削皮，切成容易食用的大小。
2. 把酪梨放進調理碗，用Ａ材料拌勻。

柚子醋拌柴魚洋蔥

洋蔥的甜味十分美味，十分爽口的配菜。家裡有剩餘的洋蔥時，非常適合。

烹調 **5分** ¥ 費用 **49日圓** 兒童OK

材料（2人份）

洋蔥…½個、Ⓐ〔柚子醋醬油…1.5大匙、柴魚…1小包、生薑醬…少許〕小蔥蔥花…適量

製作方法

1　洋蔥剝皮，切成薄片。
2　把洋蔥放進耐熱調理碗，輕輕覆蓋上保鮮膜，用500W的微波爐加熱4分鐘。
3　放進濾網，瀝乾水份，放進調理碗，加入Ⓐ材料、小蔥拌勻。

芝麻拌蘆筍

芝麻的香氣和爽口蘆筍的涼拌。清脆、爽口，十分美味。

烹調 **5分** ¥ 費用 **170日圓** 便當OK 兒童OK

材料（2人份）

綠蘆筍…1把、Ⓐ〔金芝麻…2小匙、白醬油…1小匙、砂糖…1小匙〕

製作方法

1　綠蘆筍切掉根部，削掉靠近根部附近的硬皮，切成2cm寬。
2　把蘆筍排放在耐熱盤裡面，輕輕覆蓋上保鮮膜，用500W的微波爐加熱1分鐘30秒～2分鐘。
3　用廚房紙巾確實擦掉蘆筍的水份。
4　把蘆筍和Ⓐ材料充分拌勻。

明太子拌胡蘿蔔

明太子的微辣感和胡蘿蔔的口感，令人無法自拔。也非常適合當成小菜。用鱈魚子製作也十分美味。

🕐 烹調 **5分**　　¥ 費用 **124日圓**

材料（2人份）

胡蘿蔔⋯1小條
辣明太子⋯½塊
鹽巴⋯少許

製作方法

1 胡蘿蔔削皮，切成細絲。

2 把步驟1的胡蘿蔔絲放進耐熱調理碗，輕輕覆蓋上保鮮膜，用500W的微波爐加熱3分鐘。放進濾網，用手確實把水份擠掉。

3 明太子剝除薄皮。

4 把步驟2的胡蘿蔔絲、步驟3的明太子、份量少許的鹽巴，放進調理碗，確實拌勻。

柚子胡椒拌
起司馬鈴薯

柚子胡椒的微辣口感和起司十分速配，讓人欲罷不能的美味，也很適合當小菜、帶便當。

🕐 烹調 **10分**　　¥ 費用 **75日圓**　　⊡ 便當OK

材料（2人份）

馬鈴薯…1個
加工起司…約25g
柚子胡椒…⅓小匙
海苔絲…依喜好調整

製作方法

1 馬鈴薯切成1～1.5cm的塊狀，泡水2～3分鐘。把起司切成和馬鈴薯相同的大小。

2 把稍微瀝乾水份的馬鈴薯放進耐熱容器，輕輕覆蓋上保鮮膜，用500W的微波爐加熱2～3分鐘。

3 稍微瀝乾水份，趁熱放進起司和柚子胡椒拌勻。

4 裝盤，依個人喜好，撒上海苔絲。

簡單半熟蟹肉蛋

只要把材料放進平底鍋混合拌炒就行了。調味料也十分簡單，只要勾芡後鋪在白飯上面，就成了天津飯。

🕐 烹調 **5分** ¥ 費用 **166日圓** 兒童OK

材料（2人份）

雞蛋⋯4個
蟹味棒⋯約60g
豌豆（冷凍或罐頭）⋯
　　約20g
Ⓐ 砂糖⋯1.5小匙
　│ 中式高湯粉⋯½小匙
　│ 醬油⋯少許
沙拉油⋯適量

製作方法

1 雞蛋打進調理碗，倒進Ⓐ材料，充分打散拌勻。用手把蟹味棒撕成適當大小。

2 把蟹味棒、豌豆放進步驟1的調理碗，粗略混拌。

3 在平底鍋裡面倒進略多的油，開中火加熱。平底鍋確實升溫後，把所有的蛋液倒入，稍微等待一下，直到邊緣呈現凝固。

4 邊緣凝固後，從外側快速往內側攪混，直到整體呈現半熟狀。

微波高麗菜雞絞肉

用微波爐加熱高麗菜和雞絞肉，再拌入調味料即可。用涼麵沾醬和美乃滋，拌出令人熟悉的味道。

烹調 10分　費用 152日圓　 兒童OK

材料（2人份）

高麗菜…1/8個
雞胸肉絞肉…約100g
酒…1大匙
Ⓐ 涼麵沾醬（3倍濃縮）…1.5大匙
　美乃滋…1大匙
小蔥蔥花…適量

製作方法

1 高麗菜用水清洗後，把水份瀝乾，切成1cm寬。

2 把高麗菜放進耐熱調理碗，把雞絞肉放在高麗菜上方，淋上酒。輕輕覆蓋上保鮮膜，用500W的微波爐加熱5分鐘。

3 用菜筷把雞絞肉攪成肉鬆狀，和高麗菜一起放進濾網，瀝乾水份。

4 把步驟3的食材、Ⓐ材料，放進另一個調理碗，充分拌勻。裝盤，依個人喜好，撒上小蔥。

牛蒡炒蛋

用和風醬汁烹煮的溫和味道。使用整條牛蒡，口感也很不錯。因為很健康，所以也可以當成宵夜。

※ 標示的烹調時間不包含牛蒡去除澀味的時間。

烹調 **10**分　費用 **138**日圓　兒童OK

材料（2人份）

牛蒡…細1條
雞蛋…3個
Ⓐ　水…50mL
　　白醬油…1大匙
　　砂糖…2小匙
　　醬油…少許
小蔥蔥花…適量

製作方法

1 牛蒡削皮，削成薄片。泡水，去除澀味，放進濾網，瀝乾水份。

2 把牛蒡、Ⓐ材料放進平底鍋，蓋上鍋蓋，開火加熱。煮沸後，改用中火，烹煮5分鐘左右。

3 雞蛋打進調理碗，打散成蛋液。

4 把蛋液倒進步驟2的平底鍋，用菜筷輕輕攪拌。雞蛋烹煮至個人喜愛的硬度。裝盤，依個人喜好，撒上小蔥。

鹹甜蘿蔔排

用基本的調味料調味的鹹甜蘿蔔,有著恰到好處的口感,色澤也能引誘出食欲。用微波爐加熱後,再用平底鍋煎煮,作法十分簡單的配菜。

烹調	費用		
🕐 10分	¥ 34日圓	⊡⊟ 便當OK	👧👦 兒童OK

材料(2人份)

蘿蔔…¼條
Ⓐ 酒…½大匙
　味醂…½大匙
　醬油…½大匙
小蔥蔥花…適量
沙拉油…適量

製作方法

1 蘿蔔削皮,切成1～1.5cm厚的片狀,並且在單面切出十字的切痕。

2 把蘿蔔排放在耐熱盤裡面,輕輕覆蓋上保鮮膜,用500W的微波爐加熱3分鐘。

3 在平底鍋倒進少量的油,開火加熱。放入瀝乾水份的蘿蔔,用小火～中火煎煮2分鐘左右,持續煎煮至單面呈現焦黃色為止。翻面,另一面也以相同的方式煎煮。

4 倒進Ⓐ材料,讓兩面裹滿湯汁。裝盤,依個人喜好,撒上小蔥。

蒜頭醬油
杏鮑菇

有著彈牙口感的杏鮑菇，裹上蒜頭醬油的醬燒味，令人齒頰留香。也可以當成小菜。

🕐 烹調 **10分** ¥ 費用 **227**日圓 🍱 便當OK 👧👦 兒童OK

材料（2人份）

杏鮑菇…2包
蒜頭…1瓣
Ⓐ 醬油…1大匙
味醂…½大匙
砂糖…1小匙
Ⓑ 粗粒黑胡椒…適量
小蔥蔥花…適量
沙拉油…適量

製作方法

1 蒜頭剝皮，切成薄片。Ⓐ材料放進調理碗拌勻。杏鮑菇把長度切成對半，切成薄片。

2 把油、蒜頭放進平底鍋，用小火～略小的中火，持續拌炒至蒜香溢出。

3 把杏鮑菇放進步驟2的平底鍋，用中火拌炒2分鐘，直到呈現焦黃色。

4 倒進Ⓐ材料，拌炒入味。裝盤，依個人喜好，撒上Ⓑ材料。

干貝豆腐煮

鮮味滿溢。可輕鬆製作的快煮。非常溫和的味道，沒有食欲的時候，特別推薦。加入生薑也非常美味喔！

烹調 **10分**　費用 **354日圓**　兒童OK

材料（2～3人份）

嫩豆腐…1塊（350g）
干貝罐頭…1罐
高麗菜…1～2片
Ⓐ 醬油…½小匙
　 砂糖…½小匙
Ⓑ 太白粉…2小匙
　 水…2小匙
小蔥蔥花…適量

製作方法

1 高麗菜用水清洗，撕成容易食用的大小，放進平底鍋。豆腐用湯匙挖成一口大小，放進平底鍋，干貝罐頭則連同湯汁一起倒入。加入Ⓐ材料，蓋上鍋蓋，用中火烹煮2～3分鐘。

2 把Ⓑ材料放進調理碗攪拌，製作成太白粉水。

3 把步驟1的鍋蓋掀開，改用略小的中火，淋入太白粉水。輕柔地攪拌勾芡，起鍋，依個人喜好，撒上小蔥蔥花。

油豆腐
佐蘿蔔泥

確實煎煮的油豆腐,加上鹹甜口味的蘿蔔泥。煎煮成焦黃色的表面香酥,內部則是軟嫩多汁。

⏱ 烹調 **10分**　¥ 費用 **91日圓**　👧👧 兒童OK

材料（2人份）

油豆腐⋯1塊（180g）
蘿蔔⋯約100g
Ⓐ 味醂⋯1大匙
　│ 醬油⋯1大匙
小蔥蔥花⋯適量
沙拉油⋯適量

製作方法

1 用廚房紙巾按壓,去除油豆腐上面多餘的油和水,切成對半。

2 蘿蔔削皮,磨成泥。

3 少量的油用平底鍋加熱,放進油豆腐。用略強的火持續煎煮,直到表面呈現焦黃色,裝盤。

4 把Ⓐ材料和蘿蔔,連同湯汁一起放進平底鍋,用中火加熱。收乾湯汁後,淋在油豆腐上面,依個人喜好,加上小蔥。

鬆軟魚板雞蛋燒

魚板的鬆軟口感，用平底鍋製作成雞蛋燒。醬汁中隱約的溫和甜味，就算冷掉，還是非常美味喔！

烹調 10分　費用 117日圓　便當OK　兒童OK

材料（2人份）

魚板…1大塊
雞蛋…2個
A 白醬油…1小匙
　　砂糖…1小匙
沙拉油…適量

製作方法

1 透過外袋，將魚板搓揉壓碎。

2 雞蛋打進調理碗，打散成蛋液，放進魚板、A材料，確實攪拌均勻。

3 把油倒進略小的平底鍋，用小火加熱。把步驟2的食材倒入，蓋上鍋蓋，燜煎3分鐘左右。

4 掀開鍋蓋，翻面。進一步煎煮2～3分，使表面呈現焦黃色。分切成個人喜好的大小，裝盤。

烤薯蕷香菇小魚

薯蕷的酥鬆口感、鴻喜菇和小魚的香氣，十分美味且健康的配菜。只要把材料拌匀，放進烤箱烘烤，就能製作完成的簡單配菜。

烹調	費用	
🕐 15分	¥ 96日圓	👧👧 兒童OK

材料（2人份）

薯蕷…約100g
鴻喜菇…1/4包
小魚乾…約10g
Ⓐ 醬油…1/2大匙
　│ 沙拉油…1/2大匙
小蔥蔥花…適量

製作方法

1 烤箱預熱至200度。

2 薯蕷削皮，切成長4cm、寬0.5～1cm的響板切。鴻喜菇切除蒂頭，用手搓散。

3 把薯蕷、鴻喜菇、小魚乾、Ⓐ材料放進調理碗，充分拌匀，放進耐熱盤。

4 用200度的烤箱烤10分鐘。依個人喜好，撒上小蔥。

青椒培根
起司燒

只要把培根放進青椒裡面，鋪滿起司，再放進烤箱就行了。
也不需要使用調味料，非常簡單的食譜。

🕐 烹調 **15分**　¥ 費用 **224日圓**　 兒童OK

材料（2人份）

青椒…3個
厚切培根…約100g
綜合起司…適量

製作方法

1 烤箱預熱至200度。

2 青椒去除蒂頭和種籽，縱切成對半。培根切成1cm的塊狀。

3 把料理紙鋪在烤盤上面，青椒的切口朝上，排放在烤盤上面。把5～6塊的培根放進青椒裡面，鋪上個人喜好份量的起司。

4 用200度的烤箱烤10分鐘。

蘿蔔絲柴魚沙拉

蘿蔔裹滿涼麵沾醬和柴魚的鮮味。加上芝麻和海苔，就能更添風味，變得更加好吃。

🕐 烹調 **5分**　¥ 費用 **55日圓**　👧👧 兒童OK

材料（2人份）

蘿蔔…1/4條
Ⓐ 涼麵沾醬（3倍濃縮）…2大匙
　 柴魚片…1小包
　 海苔絲…依喜好調整
　 金芝麻…適量
小蔥蔥花、海苔絲、金芝麻…依喜好調整

製作方法

1 蘿蔔削皮，用菜刀或切片器削切成細絲，用手確實把水份擠乾。

2 把Ⓐ材料放進調理碗混合攪拌。加入蘿蔔絲，充分拌勻。裝盤，依個人喜好，撒上小蔥、海苔絲、金芝麻。

Choregi 沙拉

把個人喜愛的萵苣或生鮮萵苣撕成適當大小，再和調味料拌勻就完成了。讓人上癮的沙拉。加上海苔或辣椒粉，也十分美味。

🕐 烹調
5分

¥ 費用
76日圓

材料（2人份）

萵苣、生鮮萵苣等
　　…½ 顆

Ⓐ 芝麻油…1大匙
　 增味劑…½ 小匙
　 鹽巴…⅓ 小匙
　 蒜泥醬…3 cm
　 金芝麻…少許

製作方法

1 萵苣用水清洗乾淨，確實把水份瀝乾，用手撕成容易食用的大小。

2 把Ⓐ材料放進調理碗，充分混合攪拌。放入萵苣，充分拌勻。

小黃瓜番茄
泰式沙拉

利用花生或魚露等調味的泰式沙拉。清爽獨特的美味令人上癮。也可依個人喜好，加點芫荽，同樣也十分美味。

🕐 烹調 **5分**　　¥ 費用 **130日圓**

材料（2人份）

小黃瓜…1條
小番茄…3～4個
花生（薄鹽）…10粒
鹽巴（砧板搓揉用）
　…½小匙
Ⓐ　魚露…1大匙
　│檸檬汁…1小匙
　│蒜泥醬…2cm
　│辣椒…少許

製作方法

1 小黃瓜抹上鹽巴，放在砧板上搓揉，用廚房紙巾擦掉鹽巴和水份。切掉兩端，切成適當的長度。小番茄去除蒂頭，縱切成4等分。

2 把小黃瓜、花生、Ⓐ材料，放進塑膠袋。排除空氣後，用手掐住袋口的部分，用　麵棍等道具，從上方敲打。

3 把小番茄放進步驟2的塑膠袋裡面，輕輕搓揉整體。

毛豆胡蘿蔔
健康沙拉

健康且平價的簡單沙拉。調味簡單，三餐的便當、任何時刻都可以派上用場的便利配菜。不需要開火，用微波爐就可以輕鬆製作。

烹調 5分　費用 35日圓　便當OK　兒童OK

材料（2人份）

生豆渣…約50g
胡蘿蔔…⅕ 條
水煮毛豆…5個
Ⓐ 美乃滋…1.5大匙
　│ 鹽巴…少許

製作方法

1 胡蘿蔔削皮，切成細絲。從豆莢裡面取出毛豆。

2 把豆渣放進耐熱盤，用菜筷攪碎。把胡蘿蔔放在上方，在沒有覆蓋保鮮膜的情況下，用500W的微波爐加熱3分鐘。

3 把Ⓐ材料放進步驟2的耐熱盤裡面，充分攪拌。加入毛豆，稍微拌勻後，裝盤。

白菜芝麻沙拉

芝麻風味十分美味，同時也能吃到清脆白菜的簡易沙拉。關鍵就是確實瀝乾水份。清除家中剩餘白菜的時候，也特別推薦。

烹調 **5分** 費用 **60日圓** 兒童OK

材料（2人份）

白菜…1/8株
鹽巴…1/2小匙
Ⓐ 金芝麻…2小匙
　 日式高湯粉…½小匙
　 芝麻油…少許

製作方法

1 白菜切除菜芯，用水清洗後，稍微瀝乾水份，切成細絲。

2 把白菜、鹽巴放進調理碗，充分搓揉。放進濾網，用手擠壓，確實瀝乾水份。

3 用廚房紙巾把調理碗擦乾，放進白菜、Ⓐ材料，充分拌勻。

備忘錄

日式高湯粉的鹽分會因產品而改變。請依照使用的高湯粉產品，依個人喜好調整份量。

南瓜鮪魚起司沙拉

把南瓜磨成泥，再和鮪魚、調味料一起拌勻。加入起司增添濃郁與風味。除了早餐或便當等之外，任何場合都可以享用的美味沙拉。

🕐 烹調 **10**分　¥ 費用 **106**日圓　⊡ 便當OK　👥 兒童OK

材料（2人份）

南瓜…⅛個

Ⓐ 鮪魚（油漬口味）
　　…½罐
　　美乃滋…1大匙
　　起司粉…1大匙

製作方法

1 南瓜用湯匙等道具，去除種籽和瓜瓤，把概略的外皮削掉，切成2cm的塊狀。

2 用水把南瓜沾濕，放進耐熱調理碗。輕輕覆蓋上保鮮膜，用500W的微波爐加熱4分鐘。

3 用叉子等道具搗碎南瓜，加入Ⓐ材料，充份拌勻。

羊栖菜豆腐的梅子柴魚沙拉

清爽的日式調味。羊栖菜的口感和風味便是這道料理的重點，嫩豆腐也能增添飽足感。

🕐 烹調 **15分**　¥ 費用 **297日圓**　👧👧 兒童OK

材料（2人份）

乾燥羊栖菜⋯約2g
嫩豆腐⋯1小塊（200g）
番茄⋯1個
萵苣⋯2～3片
梅乾⋯2粒
🅐 柚子醋醬油⋯3大匙
　柴魚片⋯1小包

製作方法

1 羊栖菜放進熱水浸泡10分鐘，放進濾網，瀝乾水份。豆腐瀝乾水份，切成容易食用的大小。

2 番茄切除蒂頭，切成梳形切。萵苣用水清洗，確實瀝乾水份，用手撕成容易食用的大小。

3 梅乾去除種籽，用菜刀或湯匙搗碎成膏狀。放進調理碗，加入🅐材料混合攪拌。

4 把萵苣、番茄、豆腐、羊栖菜裝盤，從上方淋下步驟**3**的醬料。

馬鈴薯雞蛋沙拉

以馬鈴薯的清脆口感為特徵的馬鈴薯沙拉。只要用微波爐加熱，然後拌勻就可以了。除了直接吃之外，也可以當成三明治的內餡喔！

烹調 15分　費用 81日圓　便當OK　兒童OK

材料（2人份）

馬鈴薯…1個
洋蔥…¼個
雞蛋…1個
Ⓐ 美乃滋…2大匙
　 芥末粒…½小匙
Ⓑ 鹽巴…少許
　 粗粒黑胡椒
　　 …少許
切成適當大小的水
　菜…依喜好調整
洋香菜碎末…適量

製作方法

1　馬鈴薯削皮，剔除芽眼，切成細絲，泡水2～3分鐘。洋蔥剝皮，切成薄片。

2　把瀝乾水份的馬鈴薯、洋蔥，放進耐熱容器，輕輕覆蓋上保鮮膜，用500W的微波爐加熱5分鐘，瀝乾水份。

3　把雞蛋打進耐熱調理碗，倒入淹過雞蛋的水。用牙籤等道具，在蛋黃刺入1個孔，輕輕覆蓋上保鮮膜，用500W的微波爐加熱2～3分鐘，一邊觀察情況，一邊加熱。

4　等蛋黃熟透之後，從微波爐裡面取出，把水份瀝乾。用叉子等道具搗碎，加入Ⓐ材料充分混合攪拌，加入馬鈴薯、洋蔥混合攪拌，撒上Ⓑ材料，調味。

5　依個人喜好，把水菜裝盤，鋪上步驟4的食材，依個人喜好，撒上洋香菜碎末。

豆芽芝麻湯

速食感覺般的簡單豆芽湯。芝麻的香氣,搭配豆芽的清淡風味。家裡如果有剩餘的豆芽,也非常適合這道料理。

🕐 烹調 **5分**　¥ 費用 **31日圓**　兒童OK

材料（2人份）

豆芽…½ 包
水…300 mL
🅐 白醬油…2大匙
　金芝麻…少許
　芝麻油…少許
　小蔥蔥花…少許

製作方法

1 用鍋子或電子水壺等,把熱水煮開。

2 豆芽粗略清洗後,把水份瀝乾。放進耐熱盤,輕輕覆蓋上保鮮膜,用500W的微波爐加熱2分鐘。

3 把一半份量的豆芽、🅐材料,放進茶杯裡面。

4 倒入熱水,攪拌混合。

高麗菜雞柳蛋花味噌湯

健康、口感十足且飽足感極高的味噌湯。清除家中剩餘的高麗菜時，也十分推薦這道料理。加了雞蛋的溫和味道。

烹調 10分　費用 148日圓　兒童OK

材料（2人份）

高麗菜…2～3片
雞柳…2條（約120g）
雞蛋…1個
Ⓐ 水…400mL
　 日式高湯粉
　　　…約4g
味噌…2大匙

製作方法

1. 高麗菜用水清洗，把水份瀝乾，切成段狀。

2. 雞柳去筋，用叉子等道具在各處刺穿幾個洞，削切成1cm厚的片狀。雞蛋用調理碗打散成蛋液。

3. 把Ⓐ材料倒進鍋裡，開中火加熱。煮沸後，放進高麗菜，蓋上鍋蓋，用小火～中火加熱，烹煮至軟爛為止。

4. 把雞柳放進步驟3的鍋裡，表面完全熟透之後，淋入蛋液。

5. 雞蛋凝固後，關火，溶入味噌，再次開火加熱。在即將沸騰之前，關火。

4

PART

馬上開飯的

單盤料理

滿足五臟廟和心靈的

米飯料理、麵食料理。

每一道都能快速完成，

小孩子也能吃得津津有味。

烹調器具不多，要清洗的碗筷也很少。

疲累的日子、沒有時間的日子，

都可以幫自己省心不少。

雞肉鬆蓋飯
（三色蓋飯）

🕐 烹調 **10分**　¥ 費用 **441**日圓　🍱 便當OK　👧👦 兒童OK

大人、小孩都非常喜歡的蓋飯。色彩鮮艷，利用隨手可取的食材和調味料就可製作，沒有時間的時候，也可以製作成便當。一個平底鍋就能簡單製作。

材料（2人份）

白飯…2碗
雞腿肉絞肉…約280ｇ
雞蛋…3個
砂糖…2小匙
Ⓐ 醬油…2大匙
┃ 味醂…1大匙
┃ 砂糖…1大匙
扁豆…適量
沙拉油…適量

製作方法

1 雞蛋打進調理碗，加入砂糖，充分攪拌成蛋液。

2 把步驟1的蛋液倒進平底鍋，用小火～略小的中火加熱。用菜筷一邊攪拌混合，呈現鬆散狀之後，起鍋。

3 用平底鍋把油加熱，倒入雞絞肉、Ⓐ材料，用中火拌炒。收乾湯汁，呈現鬆散狀之後，起鍋。

4 把步驟2的蛋鬆、步驟3的雞肉鬆、扁豆，舖在溫熱的白飯上。

豪華蟹肉炒飯

烹調	費用		
⏱ 10分	¥ 445日圓	便當OK	兒童OK

即便使用蟹肉罐頭，同樣也能豪華上桌。一個平底鍋就能搞定，希望盡可能減少洗滌廚具的時候，也非常適合。因為鮮味十足，所以調味十分簡單。

材料（2人份）

白飯…2碗

蟹肉罐…1罐

雞蛋…3個

胡蘿蔔…1小條

洋蔥…¼個

蒜頭…½瓣

中式高湯粉…1小匙

Ⓐ 鹽巴…少許
⎸ 粗粒黑胡椒…少許

小蔥蔥花…適量

沙拉油…適量

製作方法

1 蒜頭、胡蘿蔔、洋蔥去皮，切成碎末。雞蛋用調理碗，打散成蛋液。

2 用平底鍋把油加熱，用略小的中火翻炒，直到產生蒜頭的香氣，放入胡蘿蔔、洋蔥，用中火持續拌炒，直到熟透。

3 蟹肉留下少許作為裝飾之用，剩餘的部分就連同湯汁一起倒入。加入中式高湯粉，持續拌炒，讓水份完全蒸發。

4 把配料全部挪到鍋子的一邊，改用大火，把雞蛋、白飯倒進鍋裡的空處，確實拌炒。

5 把配料、白飯拌炒在一起，再依個人喜好，加入小蔥，淋入Ⓐ材料，調味。裝盤，再鋪上步驟**3**預留的蟹肉。

熟肉酪梨
照燒飯

以熟肉為主的簡易單盤料理。
熟肉的鹽份量會因產品而有不同。請依個人喜好，調整味道。

材料（2人份）

白飯…2碗
熟肉…½罐
番茄…1個
酪梨…1個
🅐 味醂…2大匙
　砂糖…1大匙
　醬油…1大匙
海苔絲…依喜好調整
沙拉油…適量

製作方法

1 熟肉和番茄，切成1～2cm的塊狀。酪梨縱切出刀痕，用雙手扭轉，分成兩半。取出種籽，削皮，同樣切成塊狀。

2 用平底鍋把油加熱，放進熟肉，滾動翻炒，直到表面變色。

3 把熟肉起鍋，用廚房紙巾擦掉平底鍋的油。倒入🅐材料，用中火持續熬煮成醬汁。

4 把熱騰騰的白飯裝盤，鋪上熟肉、番茄、酪梨，淋上步驟3的醬汁。依個人喜好，撒上海苔絲。

咖哩炒飯

（L）烹調 **15**分 （¥）費用 **389**日圓 ·日 便當OK 👧👧 兒童OK

辛辣風味挑逗食慾。咖哩糊和法式清湯的簡單調味。清除剩餘蔬菜的時候也十分推薦。

材料（2人份）

白飯…2碗
雞蛋…2個
培根…6片
胡蘿蔔…½條
洋蔥…½個
青椒…2個
A 咖哩糊（片狀）…2.5大匙
　　法式清湯粉…1小匙
沙拉油…適量

製作方法

1 用平底鍋把油加熱，打入雞蛋。用極小的小火煎煮8～10分鐘，直到呈現個人喜歡的熟度，製作成荷包蛋。

2 培根切成1cm寬。胡蘿蔔、洋蔥、青椒分別切成碎末。

3 把少量的油倒進平底鍋加熱，放進培根、胡蘿蔔、洋蔥，用中火拌炒。

4 把青椒放進步驟3的平底鍋裡面，快速拌炒，加入溫熱的白飯、**A**材料，充分拌炒，直到味道均勻遍佈。

5 把步驟4的炒飯裝盤，把荷包蛋鋪在最上方。

重　點　　沒有片狀的咖哩糊時，請把固體的咖哩糊切碎使用。

蓮藕蘿蔔羹雜煮

烹調 **15分**　費用 **378日圓**　兒童OK

讓心靈沉靜，同時也溫暖身體的雜煮。在我家裡，感冒、喉嚨痛、腸胃不適的時候，也可會把它當成調養身體的飲食。

材料（2～3人份）

白飯…2碗
蓮藕…1節
蘿蔔…⅛條
長蔥…1支
生薑…2塊
雞蛋…2個
水…600mL
Ⓐ 日式清湯粉…1小匙
│ 鹽巴…½小匙
鹽巴…適量
小蔥蔥花…適量

製作方法

1 蓮藕、蘿蔔、生薑，削皮後，磨成泥。長蔥切除根部，切成蔥花。雞蛋打進調理碗，打散成蛋液。

2 把水放進鍋裡加熱。煮沸後，放入白飯、蓮藕、生薑、長蔥、**Ⓐ**材料，用小火～中火烹煮5分鐘。

3 充分烹煮，白飯吸滿水份後，加入蘿蔔，把整體攪拌均勻。

4 把蛋液淋入，蓋上鍋蓋，燜蒸數秒。依個人喜好，加入鹽巴調味，依個人喜好，撒上小蔥。

鮪魚番茄燉飯

烹調 15分　費用 340日圓　兒童OK

希望稍微偷懶一下的午餐。雖然食譜裡面有1/2個洋蔥，但是，一起入菜的蔬菜，也可以用冰箱裡面剩餘的食材。

材料（2人份）

白飯…2碗
洋蔥…½個（大）
蒜頭…2瓣
鮪魚罐（油漬口味）…1罐
Ⓐ 番茄罐（塊狀）…1罐
　 白葡萄酒…½杯
　 鹽巴…約½小匙
綜合起司…適量
起司粉…適量
洋香菜碎末…適量
沙拉油…適量

製作方法

1　洋蔥切成碎末。蒜頭切成碎末、壓扁，或是磨成泥都可以。

2　把油倒進平底鍋加熱，放進洋蔥、蒜頭，翻炒至洋蔥熟透為止。

3　加入Ⓐ材料、連同湯汁在內的鮪魚。用中火烹煮3～4分鐘。

4　倒入白飯，混拌均勻。

5　水份揮發得差不多後，關火。倒入綜合起司，溶解混拌。起鍋後，依個人喜好，撒上起司粉、洋香菜碎末。

鮪魚洋蔥
義大利麵

烹調 **15**分　費用 **229**日圓　兒童OK

享受洋蔥的甜味，可以快速製作，同時也非常適合當成午餐的義大利麵。
麵條除了義大利麵之外，也可以使用義大利寬麵條。

材料（2人份）

義大利麵…160 g
Ⓐ　水…2.5 L
　├　鹽巴…25 g
洋蔥…1個
橄欖油…2大匙
鮪魚罐頭（油漬口味）…1罐
Ⓑ　柚子醋醬油…3大匙
　├　蒜泥醬…4 cm
小蔥蔥花…適量

製作方法

1　把Ⓐ材料倒進較大的鍋裡煮沸，用中火～大火烹煮，烹煮時間要比包裝袋標示短1分鐘。

2　洋蔥去皮，切成碎末。

3　把橄欖油倒進平底鍋加熱，放進洋蔥，用略小的中火，拌炒至熟透。

4　鮪魚連同湯汁一起倒入。加入Ⓑ材料拌炒，關火。

5　義大利麵煮好後，放進平底鍋，再次用小火～中火加熱。倒入義大利麵，充分混拌。關火。起鍋，依個人喜好，撒上小蔥。

日式柚子醋義大利麵

烹調 15分　費用 196日圓　兒童OK

甜椒、毛豆，光是視覺就十分美味的日式義大利麵。柚子醋的酸味挑逗食慾。調味料是好記且製作容易的「1：1：1」的比例。

材料（2人份）

義大利麵…160g
Ⓐ 水…2.5L
　 鹽巴…25g
培根…4片
洋蔥…¼個
甜椒（紅）…¼個
甜椒（黃）…¼個
水煮毛豆…10豆莢
Ⓑ 白醬油…1大匙
　 醬油…1大匙
　 柚子醋醬油…1大匙
粗粒黑胡椒…適量
沙拉油…2大匙

製作方法

1 把Ⓐ材料倒進較大的鍋裡煮沸，用中火～大火烹煮，烹煮時間要比包裝袋標示短1分鐘。

2 培根切成1cm寬。洋蔥去皮切片，甜椒去除蒂頭和種籽，切成細條。毛豆從豆莢裡面取出。

3 把油倒進平底鍋加熱，放進培根、洋蔥、甜椒，用中火拌炒。

4 加入Ⓑ材料，煮沸後，關火。

5 義大利麵煮好後，平底鍋再次用小火～中火加熱，把義大利麵和烹煮湯汁（約1湯勺）、毛豆倒入，充分混拌。起鍋，依個人喜好，撒上粗粒黑胡椒。

蔬菜炒烏龍麵

<table>
<tr><td>⏱ 烹調
15分</td><td>¥ 費用
540日圓</td><td>便當OK</td><td>兒童OK</td></tr>
</table>

醬油和醬料的雙重美味。希望清除家中剩餘蔬菜時，也非常推薦。
也可以豪邁地裝進便當裡面。

材料（2人份）

冷凍烏龍麵…2球
豬五花肉肉片…約200ｇ
高麗菜…¼個
洋蔥…¼個
胡蘿蔔…⅓條
A 醬油…1大匙
  伍斯特醬…1/2大匙
  柴魚片…1小包
沙拉油…適量

製作方法

1 冷凍烏龍麵用微波爐加熱，加熱時間要比包裝袋標示短30秒。豬肉用叉子等道具在各處刺穿幾個洞，切成容易食用的大小。

2 高麗菜用水清洗乾淨，瀝乾水份，切成大塊。洋蔥和胡蘿蔔削皮，切成薄片。

3 把油倒進平底鍋加熱，用中火拌炒，直到豬肉表面變色。

4 依序加入胡蘿蔔、洋蔥、高麗菜拌炒，直到整體熟透。

5 加入烏龍麵、**A**材料，持續拌炒，直到味道遍佈整體。

什錦燒（豬肉）

烹調 20分　費用 510日圓　便當OK　兒童OK

添加薯蕷，增加鬆軟度。使用少量麵粉，均衡搭配肉和蔬菜，份量十足的什錦燒。
希望簡單製作料理時，這道料理便是我家裡的固定菜色。

材料（2人份）

豬肉片…約200g
高麗菜…¼顆
薯蕷…約100g
雞蛋…2個
Ⓐ 白醬油…1大匙
　醬油…1小匙
　水…50mL
　麵粉…約50g
　乾櫻花蝦…適量
　紅薑…適量
　小蔥蔥花…適量
什錦燒醬…適量
美乃滋…適量
青海苔、紅薑…適量
沙拉油…適量

製作方法

1 高麗菜用水清洗乾淨，把水份瀝乾，切成細條或細絲，如果長度比較長，就切短一點。薯蕷削皮，磨成泥。

2 把高麗菜、薯蕷、雞蛋、Ⓐ材料，放進調理碗混拌。

3 把少量的油倒進平底鍋加熱，把一半份量的豬肉攤放在鍋裡。把步驟2的麵糊鋪在上方，進一步把剩餘的豬肉攤放在麵糊上方。蓋上鍋蓋，用略小的中火燜煎8分鐘左右。

4 掀開鍋蓋，用鍋鏟等道具翻面，進一步用中火煎煮3分鐘。裝盤，淋上什錦燒醬，依個人喜好，淋上美乃滋，撒上青海苔，隨附上紅薑。

馬上開飯套餐 材料類別索引

肉加工品

雞蛋、大豆產品

魚貝加工品

其他加工品、乾物

罐頭

乳製品

白飯、麵

TITLE

零思考上菜！

STAFF

ORIGINAL JAPANESE EDITION STAFF

出版	瑞昇文化事業股份有限公司
作者	nozomi
譯者	羅淑慧

總編輯	郭湘齡
責任編輯	蕭妤秦
文字編輯	張聿雯
美術編輯	許菩真
排版	執筆者設計工作室
製版	明宏彩色照相製版有限公司
印刷	龍岡數位文化股份有限公司

法律顧問	立勤國際法律事務所　黃沛聲律師
戶名	瑞昇文化事業股份有限公司
劃撥帳號	19598343
地址	新北市中和區景平路464巷2弄1-4號
電話	(02)2945-3191
傳真	(02)2945-3190
網址	www.rising-books.com.tw
Mail	deepblue@rising-books.com.tw

| 初版日期 | 2021年9月 |
| 定價 | 300元 |

調理・スタイリング	nozomi
撮影	nozomi
本文デザイン	Iyo Yamaura
アドバイザー	ひろき
協力	海老原牧子
編集	北川編子

國家圖書館出版品預行編目資料

零思考上菜!/nozomi作；羅淑慧譯. --
初版. -- 新北市：瑞昇文化事業股份有
限公司, 2021.06
144面；14.8 x 21公分
譯自：すぐめし献立
ISBN 978-986-401-496-5(平裝)
1.食譜 2.日本

427.131　　　　　　　　110007308